Information Technology

信息技术

上机指导与习题集

基础模块 | WPS Office

慕课版

史小英 张敏华 ◎ 主编

姚锋刚 高海英 许大伟 ◎ 副主编

人民邮电出版社

北 京

图书在版编目（CIP）数据

信息技术上机指导与习题集：基础模块：WPS
Office：慕课版 / 史小英，张敏华主编. -- 北京：人
民邮电出版社，2023.1(2023.8重印)
工业和信息化精品系列教材
ISBN 978-7-115-59910-0

Ⅰ. ①信… Ⅱ. ①史… ②张… Ⅲ. ①电子计算机－
教学参考资料 Ⅳ. ①TP3

中国版本图书馆CIP数据核字(2022)第155498号

内 容 提 要

本书是《信息技术（基础模块）（WPS Office）（慕课版）》一书的上机指导与习题集，共分为两部分。第一部分是上机指导，该部分从文档处理、电子表格处理、演示文稿制作、信息检索、新一代信息技术概述、信息素养与社会责任 6 个方面组织内容，读者可以按照《信息技术（基础模块）（WPS Office）（慕课版）》中的内容和本书中的指导进行上机操作；第二部分是习题集，该部分根据《信息技术（基础模块）（WPS Office）（慕课版）》中的内容编写测试题目，题目类型包括单选题、多选题和判断题，方便读者进行自测练习。

本书可以作为高等职业教育本科、专科院校相关专业的信息技术（基础模块）课程实验教材，也可供信息技术爱好者阅读与参考。

◆ 主　　编　史小英　张敏华
　　副 主 编　姚锋刚　高海英　许大伟
　　责任编辑　刘晓东
　　责任印制　王　郁　焦志炜

◆ 人民邮电出版社出版发行　　北京市丰台区成寿寺路 11 号
　　邮编　100164　电子邮件　315@ptpress.com.cn
　　网址　https://www.ptpress.com.cn
　　三河市君旺印务有限公司印刷

◆ 开本：787×1092　1/16
　　印张：9.25　　　　　　　　2023 年 1 月第 1 版
　　字数：277 千字　　　　　2023 年 8 月河北第 3 次印刷

定价：34.00 元

读者服务热线：(010)81055256　印装质量热线：(010)81055316
反盗版热线：(010)81055315
广告经营许可证：京东市监广登字 20170147 号

前言

加快建设科技强国，实现科技自立自强。以科技赋能发展、推动创新，不断提升我国综合国力和在国际上的话语权是国家未来发展的重要方向。信息技术作为支撑现代社会经济发展转型的主要驱动力，积极推动着我国建设制造强国、创新型国家、数字中国、智慧社会等目标方针的实现。新时代的大学生必须了解信息技术，并能运用各种手段进行信息处理。

本书在《信息技术（基础模块）（WPS Office）（慕课版）》一书的基础上，以上机指导与习题集的形式，为学生提供信息技术的具体应用和操作方法。通过对本书的学习，学生能够提升实际操作能力和动手能力，达到增强信息意识、提升数字化学习与创新能力、树立正确的信息社会价值观和责任意识的目标。

本书的内容

本书共分为两部分。第一部分为上机指导，该部分根据《信息技术（基础模块）（WPS Office）（慕课版）》中的内容，分项目列出上机指导和综合实践习题，便于学生在上机练习时使用；第二部分为习题集，该部分根据《信息技术（基础模块）（WPS Office）（慕课版）》中的内容，就文档处理、电子表格处理、演示文稿制作、信息检索、新一代信息技术概述、信息素养与社会责任 6 个项目编写了单选题、多选题和判断题，以便学生更好地理解理论知识。

学习本课程时，学生必须进行大量的练习，才能掌握所学操作。本书提供大量的上机指导和综合实践习题，且均与《信息技术（基础模块）（WPS Office）（慕课版）》每个模块中的内容相对应。学生学习了《信息技术（基础模块）（WPS Office）（慕课版）》后，可通过本书进行上机练习，也可通过习题集巩固理论知识。

全书配有慕课视频，读者登录人邮学院网站（www.rymooc.com）或扫描封面二维码，使用手机号完成注册，在首页单击"学习卡"选项，输入封底刮刮卡中的激活码，即可在线观看视频。

本书由西安航空职业技术学院史小英、张敏华任主编，姚锋刚、高海英、许大伟任副主编。其中，史小英编写项目一、项目四，张敏华编写项目六，高海英编写项目二，姚锋刚编写项目三，许大伟编写项目五。

由于编者水平有限，书中难免存在不足之处，欢迎广大读者批评指正。

编　者

2023 年 5 月

目录 CONTENTS

第一部分　上机指导

第一部分
上机指导

项目一
文档处理

01

///// **实验一** 制作自荐信

（一）实验目的

- 掌握 WPS 文档的新建和保存方法。
- 掌握文本的输入、复制、移动、查找和替换方法。
- 掌握文本格式与段落格式的设置方法。

（二）实验内容

1. 创建并保存"自荐信"文档

使用 WPS Office 制作"自荐信"文档，需要先启动 WPS Office 并新建文档，然后以"自荐信"为名对文档进行保存，其具体操作如下。

（1）通过"开始"菜单或在计算机桌面上找到并双击"WPS Office"图标 ，启动 WPS Office。

（2）WPS Office 会自动打开"首页"，选项卡，单击"新建"按钮 ⊕。在打开的"新建"选项卡中选择"新建文字"选项，然后选择"新建空白文字"选项，新建一个空白文档，如图 1-1 所示。

微课

创建并保存
"自荐信"文档

图1-1　新建空白文档

> **提示** 打开文档后，按"Ctrl+N"组合键也可新建文档；或者在"新建"选项卡中选择任意一个模板类型，在该模板选项中单击 ⬛框壳会员免费 按钮或 购买模板 按钮，并登录 WPS 账号，WPS Office 将自动根据所选模板选项创建一个新的文档，且该文档中包含已设置好的内容和样式。

（3）按"Ctrl+S"组合键，打开"另存文件"对话框，其中提供了"我的云文档""共享文件夹""我的电脑""我的桌面""我的文档"5 种保存方式，此处选择"我的电脑"选项。

（4）在"位置"下拉列表框中选择文档的保存路径，在"文件名"下拉列表框中输入文档的名称"自荐信"，在"文件类型"下拉列表框中选择"WPS 文字 文件（*.wps）"选项，然后单击 保存(S) 按钮保存文档，如图 1-2 所示。

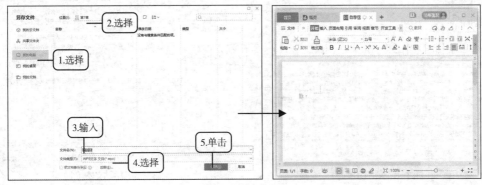

图1-2 保存文档

2. 输入文本

新建并保存"自荐信"文档后，就可以在文档中输入文本，丰富"自荐信"文档的内容，其具体操作如下。

（1）将鼠标指针移至文档编辑区上方的中间位置，当鼠标指针变成 I 形状时双击，将插入点定位到此处。

（2）将输入法切换至中文输入法，输入文档标题"自荐信"。

（3）将鼠标指针移至文档标题下方左侧需要输入文本的位置，当鼠标指针变成 I 形状时双击，将插入点定位到此处，如图 1-3 所示。

（4）输入正文文本，按"Enter"键换行，然后使用相同的方法输入其他的正文文本（配套资源:\素材\项目一\自荐信.txt），效果如图 1-4 所示。

图1-3 定位插入点

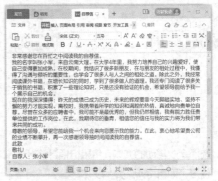

图1-4 输入正文文本

3. 复制和移动文本

在输入"自荐信"文档正文文本的过程中，可以灵活应用复制文本功能实现快速输入文本，或者使用移动文本功能将文本从一个位置移动到另一个位置，其具体操作如下。

（1）选择第 2 行文本"尊敬的领导："，在"开始"选项卡中单击"复制"按钮或按"Ctrl+C"组合键，如图 1-5 所示。

（2）将插入点定位到正文倒数第 5 行的开头，单击鼠标右键，在弹出的快捷菜单中单击"只粘贴文本"按钮，如图 1-6 所示，然后将复制文本中的"："修改为"，"。

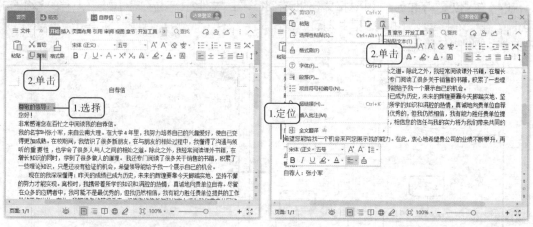

图1-5 复制文本　　　　　　　　　　　　图1-6 粘贴文本（1）

（3）选择正文最后一段文本"自荐人：张小军"，在"开始"选项卡中单击"剪切"按钮或按"Ctrl+X"组合键，如图 1-7 所示。

（4）在文档右下角双击，将插入点定位到此处，然后在"开始"选项卡中单击"粘贴"按钮或按"Ctrl+V"组合键粘贴文本，如图 1-8 所示。

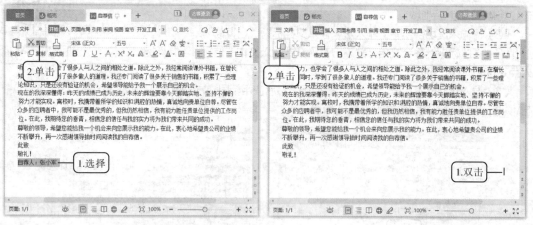

图1-7 剪切文本　　　　　　　　　　　　图1-8 粘贴文本（2）

提示　选择需要移动的文本，将鼠标指针移至该文本上，当鼠标指针变成形状时，直接将其拖动到目标位置，即可将所选择的文本移至目标位置。

4. 查找和替换文本

"自荐信"文档中的内容输入完成后，还需要对文档内容进行检查。若发现多次输入了相同的错误文本，则可使用查找与替换功能来修改错误部分，以节省时间并避免遗漏，其具体操作如下。

微课
查找和替换文本

（1）在"开始"选项卡中单击"查找替换"按钮🔍或按"Ctrl+H"组合键，如图 1-9 所示。

（2）打开"查找和替换"对话框，单击"替换"选项卡，分别在"查找内容"和"替换为"下拉列表框中输入"自已"和"自己"文本，如图 1-10 所示。

（3）单击 查找下一处(F) 按钮，可在文档中看到查找到的第一个"自已"文本处于选择状态。

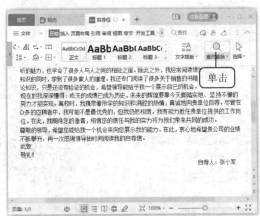

图1-9 单击"查找替换"按钮🔍

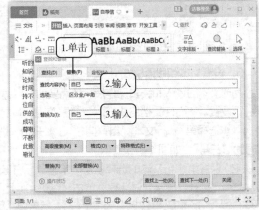

图1-10 查找错误文本

（4）继续单击 查找下一处(F) 按钮，直至出现提示"已完成对文档的搜索"，单击 确定 按钮，返回"查找和替换"对话框，再单击 全部替换(A) 按钮，如图 1-11 所示。

（5）替换完成后将打开提示完成替换的对话框，单击 确定 按钮完成替换，如图 1-12 所示。

（6）单击 关闭 按钮，关闭"查找和替换"对话框，如图 1-13 所示。此时在文档中可看到"自已"已全部替换为"自己"，如图 1-14 所示。

微课
查看查找和替换格式

图1-11 完成对文档的搜索并替换文本

图1-12 完成替换

图1-13 关闭"查找和替换"对话框

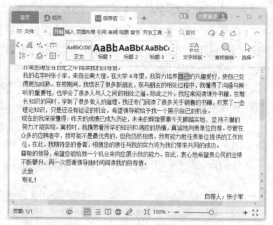

图1-14 替换文本后的效果

5. 设置文本和段落格式

完成文本的输入和编辑操作后，还需要对"自荐信"文档的文本格式、段落格式等进行设置，从而使文档格式规范、效果美观，其具体操作如下。

（1）选择第 1 行文本"自荐信"，在"开始"选项卡中设置其字体为"黑体"，字号为"三号"，如图 1-15 所示。

（2）保持第1行文本的选择状态，单击鼠标右键，在弹出的快捷菜单中选择"段落"命令，打开"段落"对话框。单击"缩进和间距"选项卡，在"间距"栏中设置"段前"为"0.5 行"，"段后"为"1 行"，然后单击 确定 按钮，如图 1-16 所示。

微课

设置文本和段落格式

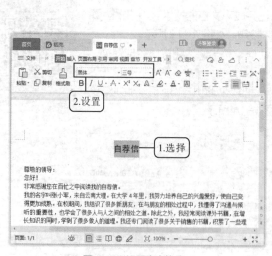

图1-15 设置文本格式

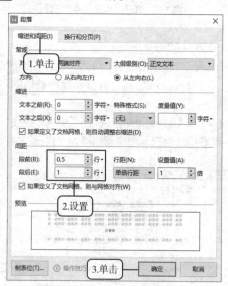

图1-16 设置段落间距

（3）选择剩余的所有文本，在出现的浮动工具栏中设置文本字体为"宋体"，字号为"小四"，如图 1-17 所示。

（4）保持文本的选择状态。打开"段落"对话框，单击"缩进和间距"选项卡，在"缩进"栏中设置"特殊格式"为"首行缩进"，"度量值"为"2 字符"，在"间距"栏中设置"行距"为"1.5 倍行距"，完成后单击 确定 按钮，如图 1-18 所示。

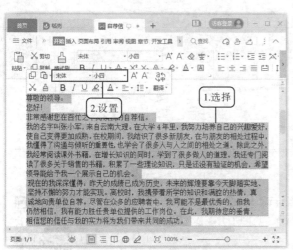

图1-17 设置文本格式

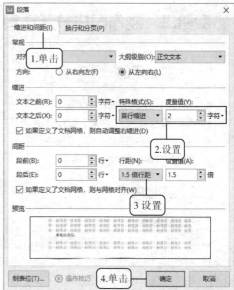

图1-18 设置段落格式

（5）取消第2行和倒数第2行的首行缩进，效果如图1-19所示，然后按"Ctrl+S"组合键保存文档（配套资源:\效果\项目一\自荐信.wps）。

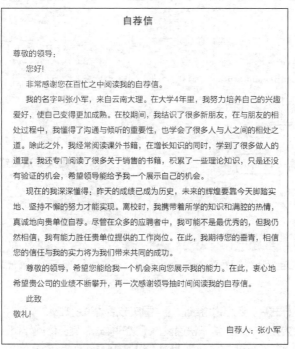

图1-19 自荐信最终效果

提示 编辑已经保存过的文档后，只需按"Ctrl+S"组合键，或单击快速访问工具栏中的"保存"按钮 ，或选择"文件"/"保存"命令，即可保存编辑后的文档。

实验二 制作国庆节活动策划方案

（一）实验目的

- 掌握内置样式的应用方法。
- 掌握修改样式和创建关键样式的操作方法。
- 掌握项目符号和编号的设置方法。
- 掌握新建模板的操作方法。

（二）实验内容

1. 套用内置样式

WPS Office 提供了丰富的内置样式，这些样式已设置好了字符和段落格式等，在编辑文档时可以直接应用样式。下面为"国庆节活动策划方案"文档的标题应用"标题 1"样式，其具体操作如下。

（1）打开"国庆节活动策划方案.wps"文档（配套资源:\素材\项目一\国庆节活动策划方案.wps），将插入点定位到第 1 行"国庆节活动策划方案"文本后，然后在"开始"选项卡的"样式"列表框中选择"标题 1"选项，应用文档标题样式后的效果如图 1-20 所示。

（2）在"开始"选项卡中单击"居中对齐"按钮，设置第 1 行文本的对齐方式为"居中对齐"，如图 1-21 所示。

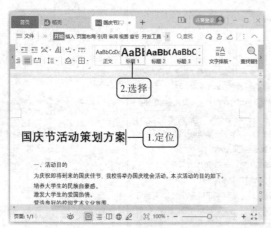

图1-20 应用"标题1"样式

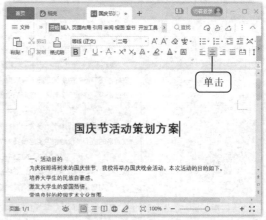

图1-21 设置文本对齐方式

2. 修改样式

设置好文档的标题样式后，还可以继续设置"国庆节活动策划方案"文档中正文的样式。可以通过修改内置样式的方法来快速设置正文的样式，其具体操作如下。

（1）将插入点定位到第 2 行文本"一、活动目的"的末尾，然后在"开始"选项卡"样式"列表框中的"正文"选项上单击鼠标右键，在弹出的快捷菜单中选择"修改样式"命令，如图 1-22 所示。

（2）打开"修改样式"对话框，在"格式"栏中将字号设置为"小四"，然后单击对话框左下角的 格式(O) 按钮，在打开的下拉列表框中选择"段落"选项，如图 1-23 所示。

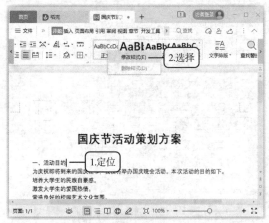
图1-22 选择"修改样式"命令

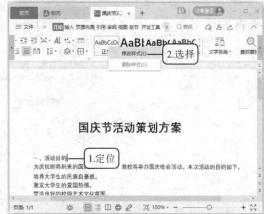
图1-23 选择"段落"选项

（3）打开"段落"对话框，单击"缩进和间距"选项卡，在"缩进"栏中设置"特殊格式"为"首行缩进"，"度量值"为"2字符"，在"间距"栏中设置"行距"为"1.5倍行距"，完成后单击 确定 按钮，如图1-24所示。

（4）返回"修改样式"对话框，单击 确定 按钮，完成"正文"样式的修改，此时文档中所有应用了"正文"样式的文本的格式都会发生变化，如图1-25所示。

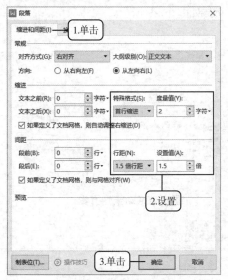
图1-24 设置段落样式

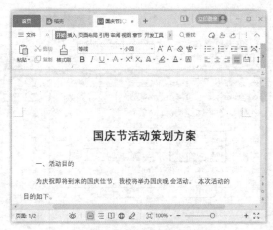
图1-25 查看文本格式的变化

3. 创建样式并应用

若WPS Office内置的样式不能满足制作文档的需求，则可以根据要求自行创建样式。"国庆节活动策划方案"文档中有部分内容以"一、""二、"……的形式开头，这部分内容若使用"正文"样式则不便于他人查看。因此，可以为这部分内容创建样式并应用样式，其具体操作如下。

微课

创建样式并应用

（1）在"开始"选项卡的"样式"列表框中单击 下拉按钮。在打开的下拉列表框中选择"新建样式"选项，如图1-26所示。

（2）打开"新建样式"对话框，在"名称"文本框中输入"小标题"；在"格式"栏中设置字号为"小三"，并单击"加粗"按钮 B ，如图1-27所示。

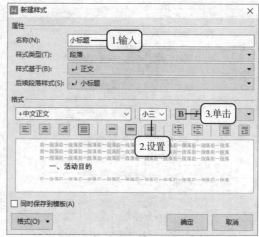

图1-26　新建样式　　　　　　　　　　图1-27　设置"小标题"样式

（3）单击对话框左下角的 格式(O)▼ 按钮，在打开的下拉列表框中选择"段落"选项。打开"段落"对话框，单击"缩进和间距"选项卡，在"间距"栏的"段前"和"段后"数值框中均输入"0.5"，然后单击 确定 按钮，如图 1-28 所示。

（4）返回"新建样式"对话框，单击 确定 按钮，完成"小标题"样式的创建操作。返回文档后，选择"一、活动目的"文本，为其应用"小标题"样式，效果如图 1-29 所示。

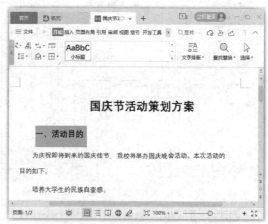

图1-28　设置间距　　　　　　　　　　图1-29　查看应用样式后的效果

（5）使用相同的方法为"二、活动主题""三、活动对象""四、活动时间""五、活动地点""六、活动准备""七、活动流程""八、活动要求"文本应用新创建的"小标题"样式。

4. 设置项目符号和编号

由于"国庆节活动策划方案"文档中还有部分具有并列或递进关系的内容，因此可以为它们设置项目符号和编号，以规范文档的格式，其具体操作如下。

微课

设置项目符号和
编号

（1）选择"本次活动的目的如下。"下方的 5 行文本，在"开始"选项卡中单击"插入项目符号"按钮三右侧的下拉按钮，，在打开的下拉列表框中选择"带填充效果的钻石菱形形项目符号"选项，如图 1-30 所示。

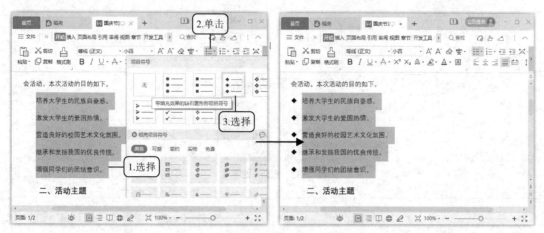

图1-30　设置项目符号

（2）选择"六、活动准备"下方的 3 行文本，在"开始"选项卡中单击"编号"按钮三右侧的下拉按钮，，在打开的下拉列表框中选择第 1 排第 4 个选项，如图 1-31 所示。

（3）使用相同的方法为"七、活动流程""八、活动要求"下方的文本应用相同的编号样式，效果如图 1-32 所示。

图1-31　设置编号　　　　　　　　　　图1-32　为其他文本设置编号

（4）选择"七、活动流程"下方的 8 行文本，单击鼠标右键，在弹出的快捷菜单中选择"重新开始编号"命令，从 1 开始重新编号，如图 1-33 所示。

（5）使用相同的方法为"八、活动要求"下方的段落文本重新编号，然后按"Ctrl"键同时选择添加了项目符号和编号的段落文本，单击"边框"按钮 右侧的"对话框启动器"按钮 ，打开"段落"对话框，在其中设置"特殊格式"为"首行缩进"，应用设置。

（6）将最后两行文本的对齐方式设置为"右对齐"，完成文档格式的设置，效果如图 1-34 所示（配套资源:\效果\项目一\国庆节活动策划方案.wps）。

图1-33　重新开始编号

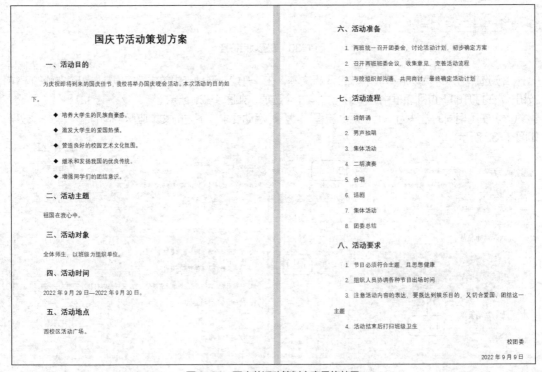

图1-34　国庆节活动策划方案最终效果

5. 新建模板

　　制作完成的文档可以另存为模板，下次制作类似文档时可以直接使用，以提高制作文档的效率。下面把制作好的"国庆节活动策划方案"文档保存为模板，其具体操作如下。

微课

新建模板

　　（1）按"Ctrl+S"组合键，保存修改完毕的文档。

　　（2）选择"文件"/"另存为"命令。打开"另存文件"对话框，设置好文件名后，在"文件类型"下拉列表框中选择"WPS 文字 模板文件（*.wpt）"选项，然后单击 保存(S) 按钮，如图 1-35 所示（配套资源:\效果\项目一\国庆节活动策划方案.wpt）。

图1-35　将文档保存为模板

实验三　制作团员登记表

（一）实验目的

- 掌握表格的添加方法。
- 掌握单元格的合并与拆分方法。
- 掌握表格行高与列宽的调整方法。
- 掌握单元格格式的设置方法。
- 掌握表格边框和底纹的设置方法。

（二）实验内容

1. 添加表格

制作团员登记表时，需要先在文档中添加表格，然后对表格的格式进行设置。下面新建"团员登记表"文档，先在文档中添加一个 7 行 4 列的表格，再对表格的行高、列宽和文本对齐方式等进行设置，其具体操作如下。

（1）新建一个名为"团员登记表"的空白文档，并在"插入"选项卡中单击"表格"按钮田，在打开的下拉列表框中通过选择新建一个 7 行 4 列的表格，如图 1-36 所示；若表格的行数、列数较多，则可以选择"插入表格"选项，在打开的"插入表格"对话框中自定义表格的行数与列数。

（2）单击表格左上角的⊕按钮，全选表格，然后在"表格工具"选项卡中的"高度"和"宽度"数值框中分别输入"1.00 厘米"和"2.80 厘米"，如图 1-37 所示。

 提示　用户还可以通过直接拖动表格的行号分隔线或列标分隔线，手动调整表格的行高或列宽。若要自动调整行高、列宽，则可在"表格工具"选项卡中单击"自动调整"按钮，在打开的下拉列表框中根据需要选择"根据内容自动调整表格""根据窗口自动调整表格"或"固定列宽"等选项。

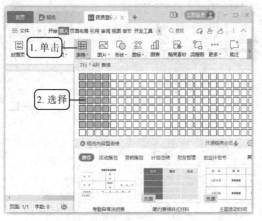

图1-36 插入表格

图1-37 调整行高和列宽

（3）保持表格的选择状态，在"表格工具"选项卡中单击 对齐方式 下拉按钮，在打开的下拉列表框中选择"中部两端对齐"选项，如图1-38所示。

（4）保持表格的选择状态，在"表格工具"选项卡中单击"表格属性"按钮，打开"表格属性"对话框，单击"表格"选项卡，在"对齐方式"栏中选择"居中"选项，然后单击 确定 按钮，如图1-39所示。

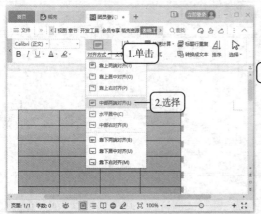

图1-38 设置文本对齐方式

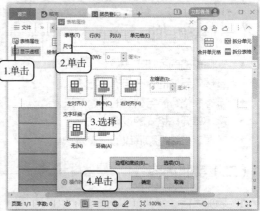

图1-39 设置表格属性

2. 编辑表格

设置好表格的基本属性后，还可以根据需要对表格进行编辑，其具体操作如下。

（1）将插入点定位到表格第1行的最后一个单元格中，单击鼠标右键，在弹出的快捷菜单中选择"插入"/"单元格"命令。

（2）打开"插入单元格"对话框，单击选中"整列插入"单选项，然后单击 确定 按钮，如图1-40所示。

（3）在表格中输入图1-41所示的文本，并设置文本的对齐方式为"居中对齐"，然后选择表格第5列的前3行单元格，单击鼠标右键，在弹出的快捷菜单中选择"合并单元格"命令，如图1-42所示。

（4）选择表格第4行的第4列、第5列单元格，在"表格工具"选项卡中单击"合并单元格"按钮，如图1-43所示；然后使用相同的方法合并"身份证号码""单位""现居住地"文本所在单元格右侧的4个单元格。

微课

编辑表格

图1-40　插入整列

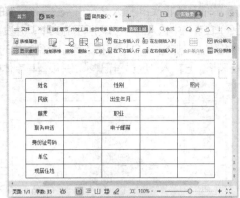

图1-41　在表格中输入文本

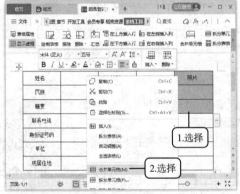

图1-42　合并单元格（1）

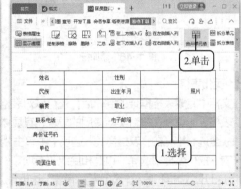

图1-43　合并单元格（2）

（5）将插入点定位到表格的最后一行，然后在"表格工具"选项卡中单击"在下方插入行"按钮▦，如图1-44所示。

（6）将插入的新行合并为一个单元格，然后将插入点定位到该行末尾的段落标记处，按"Enter"键在其下方插入新的一行。

（7）在新插入的行中单击鼠标右键，在弹出的快捷菜单中选择"拆分单元格"命令。打开"拆分单元格"对话框，在其中设置"列数"为"3"，然后单击 确定 按钮，如图1-45所示。

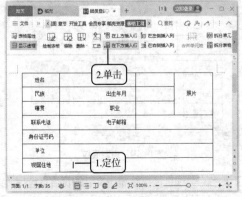

图1-44　在下方插入行

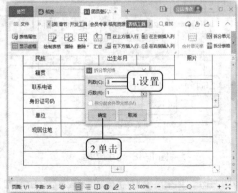

图1-45　拆分单元格

（8）在拆分的行后再插入 2 行，完成表格框架的制作，效果如图 1-46 所示。

（9）在表格中输入图 1-47 所示的文本，并设置文本的对齐方式为"居中对齐"，"本人经历"文本的字体格式为"加粗"，然后将插入点定位到表格的第一行，按"Alt+Enter"组合键使表格下移一行，接着在表格上方输入"团员登记表"，并设置其字体格式为"三号，加粗，居中"。

图1-46 添加行　　　　　　　　　　图1-47 输入并设置文本

3. 美化表格

在文档中完成表格框架的制作后，还可以对表格的边框、底纹及样式进行设置，从而使表格更加美观，符合实际使用的要求，其具体操作如下。

（1）全选表格，在"表格样式"选项卡中单击"边框"按钮⊞右侧的下拉按钮▼，在打开的下拉列表框中选择"边框和底纹"选项。

（2）打开"边框和底纹"对话框，单击"边框"选项卡，在"设置"栏中选择"自定义"选项，在"线型"列表框中选择第一个样式，在"宽度"下拉列表框中选择"1磅"选项，然后依次单击"预览"栏中的"上框线"按钮⊟、"下框线"按钮⊟、"左框线"按钮⊞和"右框线"按钮⊞，设置表格的框线，完成后单击 确定 按钮，如图 1-48 所示。

（3）选择"照片"文本所在的单元格，在"表格样式"选项卡中单击"底纹"按钮⬚右侧的下拉按钮▼，在打开的下拉列表框中选择"白色，背景 1，深色 15%"选项，如图 1-49 所示。

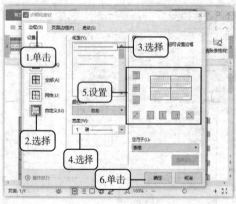
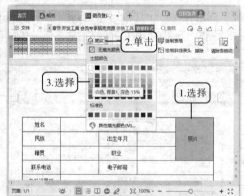

图1-48 设置边框　　　　　　　　　图1-49 设置底纹

（4）由于"姓名"列中字符数最多为 5，所以为了表格的美观，还需要统一文字的宽度。选择"姓名"文本，在"开始"选项卡中单击"中文版式"按钮 ，在打开的下拉列表框中选择"调整宽度"选项，打开"调整宽度"对话框，在"新文字宽度"数值框中输入"5"，然后单击 确定 按钮，如图 1-50 所示。

（5）然后使用相同的方法统一其他列文本的宽度。

（6）在最后一行后再插入 4 行，然后按"Ctrl+S"组合键保存文档，效果如图 1-51 所示（配套资源:\效果\项目一\团员登记表.wps）。

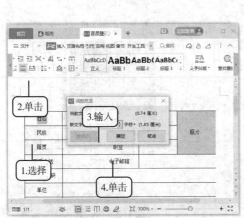

图 1-50　调整字符宽度

图 1-51　团员登记表最终效果

 提示　"表格样式"选项卡的"样式"列表框中有多种表格样式，用户可直接选择某一个样式应用到表格中，从而快速获得美观的表格效果，但要注意样式效果需匹配表格内容。

实验四　制作公益宣传海报

（一）实验目的

- 掌握页面背景的设置方法。
- 掌握插入并编辑图片的方法。
- 掌握形状的绘制与编辑方法。
- 掌握艺术字的添加与编辑方法。
- 掌握流程图的添加与编辑方法。
- 掌握文本框的添加与编辑方法。

（二）实验内容

1. 设置页面背景

社会主义核心价值观是凝聚人心、汇聚民力的强大力量。正是因为有了一群无私奉献、热爱公益的人，我们的社会才更加的美好。公益宣传海报一般对页面美观度有一定的要求，因此制作这类海报时需要先设置页面背景。本例将制作一个传递爱心的公益宣传海报，因此背景不能过于花哨，其具体操作如下。

微课
设置页面背景

（1）新建一个空白文字文档，在"页面布局"选项卡中单击"背景"按钮，在打开的下拉列表框中选择"其他填充颜色"选项，如图 1-52 所示。

（2）打开"颜色"对话框，单击"自定义"选项卡，在"红色""绿色""蓝色"数值框中分别输入"212""60""44"，然后单击 确定 按钮，如图 1-53 所示，完成页面背景颜色的设置。

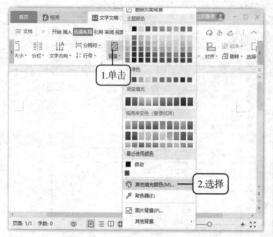
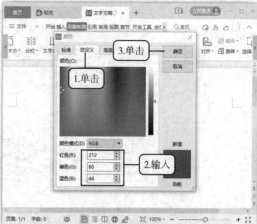

图1-52　选择"其他填充颜色"选项　　　　　　图1-53　设置页面背景颜色

提示　在"页面布局"选项卡中单击"页面边框"按钮，打开"边框和底纹"对话框，在其中可设置页面的边框。

2. 插入并编辑图片

宣传海报中通常有大量的图片，在制作公益宣传海报时可以插入计算机中保存的图片，并对图片进行调整和编辑，其具体操作如下。

（1）在"插入"选项卡中单击"图片"按钮。打开"插入图片"对话框，在"位置"下拉列表框中选择图片的保存位置（配套资源\素材\项目一\公益宣传海报），然后选择"爱心.png""城市.png"图片，单击 打开(Q) 按钮，如图 1-54 所示。

（2）返回文档后，选择"爱心.png"图片，在"图片工具"选项卡中单击"环绕"按钮，在打开的下拉列表框中选择"浮于文字上方"选项，如图 1-55 所示。

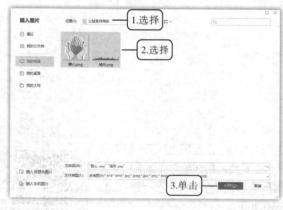

图1-54　插入图片　　　　　　图1-55　设置图片环绕方式

（3）使用相同的方法将"城市.png"图片的环绕方式设置为"浮于文字上方"。然后将"城市.png"图片拖动到页面左下角，并将鼠标指针移动到该图片右上角的控制点上，当鼠标指针变为形状时，将控制点向右上方拖动，放大图片至其宽度与页面宽度一致，如图 1-56 所示。

（4）保持图片的选择状态，在"图片工具"选项卡中单击"色彩"按钮，在打开的下拉列表框中选择"灰度"选项，然后在"图片工具"选项卡中单击一次"降低亮度"按钮，提高图片对比度，如图 1-57 所示。

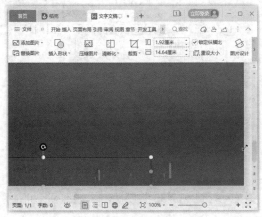
图1-56　调整图片大小

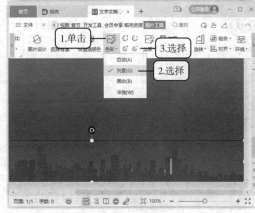
图1-57　调整图片色彩

（5）选择"爱心.png"图片，在"图片工具"选项卡中单击"旋转"按钮，在打开的下拉列表框中选择"垂直翻转"选项，翻转图片，如图 1-58 所示。

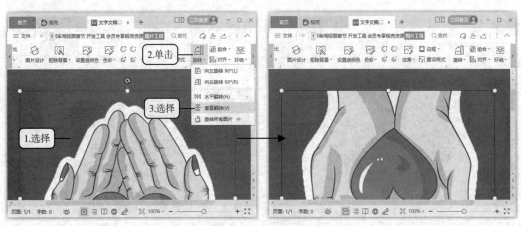
图1-58　垂直翻转图片

（6）保持图片的选择状态，在"图片工具"选项卡中将图片的高度设置为"16.67 厘米"，宽度设置为"17.1 厘米"，并将其移动到页面顶端的中间位置。

3. 绘制并编辑形状

插入并编辑图片后，会发现经垂直翻转的"爱心.png"图片中的心形位置不正确，而且由于图片中的心形不能修改，所以需要重新绘制心形，并对其进行编辑，其具体操作如下。

微课

绘制并编辑形状

（1）在"插入"选项卡中单击"形状"按钮，在打开的下拉列表框中选择"基本形状"栏中的"心形"选项，如图 1-59 所示。

（2）绘制心形，在"绘图工具"选项卡中将心形的填充颜色设置为"深红"，将其轮廓设置为"无边框颜色"，然后在心形上单击鼠标右键，在弹出的快捷菜单中选择"编辑顶点"命令，如图 1-60 所示。

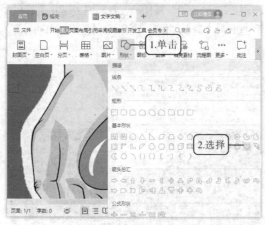

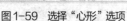

图1-59　选择"心形"选项

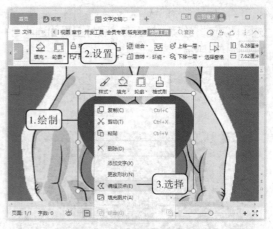

图1-60　绘制并编辑心形

（3）单击心形下方的控制点，向上拖动控制点，并拖动控制点右侧的控制柄，以调整心形的形状，效果如图1-61所示。

（4）使用相同的方法调整心形上方的控制点，完成后调整心形的大小，使其完全遮住原图中的心形，然后绘制一个填充颜色为"白色，背景1"，轮廓为"无边框颜色"的"新月形"形状，水平翻转该形状并将其置于心形的右侧，然后按"Ctrl+S"组合键将其保存为"公益宣传海报.wps"，效果如图1-62所示。

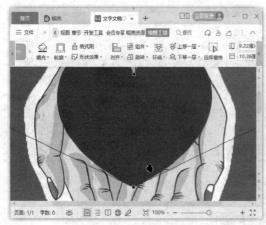

图1-61　调整心形的形状

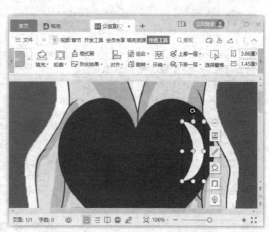

图1-62　绘制并编辑新月形

4．添加并编辑艺术字

添加并编辑形状后，还需要为公益宣传海报添加主题文本。为了使文本醒目且美观，可以添加并编辑艺术字，其具体操作如下。

（1）在"插入"选项卡中单击"艺术字"按钮，在打开的下拉列表框中选择"填充-白色，轮廓-着色2，清晰阴影-着色2"选项，如图1-63所示。

（2）将艺术字文本修改为"奉献爱心 传递温暖"，并将其移动到"爱心.png"图片的下方。选择艺术字，在"文本工具"选项卡中单击"文本填充"按钮右侧的下拉按钮，在打开的下拉列表框中选择"白色，背景1，深色5%"选项，如图1-64所示。

微课

添加并编辑
艺术字

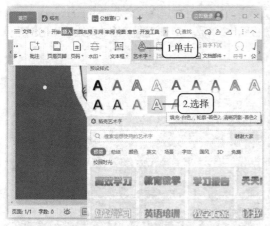

图1-63　插入艺术字

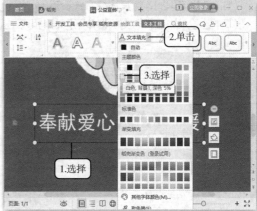

图1-64　编辑艺术字

（3）在"开始"选项卡中设置艺术字文本的字号为"48"，然后拖动艺术字边框上的控制点使艺术字完整显示。

5. 添加并编辑流程图

流程图用于展示流程、并列关系等信息，可用于美化公益宣传海报。下面在公益宣传海报中添加并编辑流程图，其具体操作如下。

（1）在"插入"选项卡中单击"流程图"按钮，打开"流程图"对话框，将鼠标指针移至 更多 按钮上，在打开的下拉列表框中选择"免费专区"选项。然后选择"常用顺序流程图"选项，如图1-65所示，接着单击 立即使用 按钮。

（2）登录WPS账号后，重复步骤（1）的操作，系统将自动打开流程图的编辑界面，如图1-66所示。

微课

添加并编辑
流程图

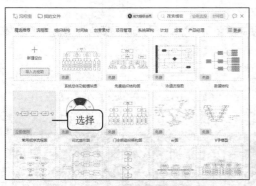

图1-65　选择"常用顺序流程图"选项

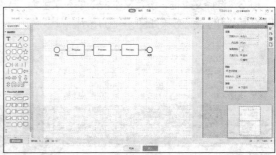

图1-66　流程图编辑界面

（3）删除流程图中的多余部分，并在文本框中分别输入"一份爱心""一份希望""一份成长"文本，然后设置文本的字体格式，调整文本框的大小。

（4）同时选择3个文本框，单击"字体颜色"按钮A，在打开的下拉列表框中选择"#FFFFFF"选项。然后单击"填充样式"按钮，在打开的下拉列表框中选择"更多颜色"选项，在打开的"颜色"面板中的"R""G""B"数值框中分别输入"212""60""44"，如图1-67所示。

（5）将"线条颜色"设置为"#000000"，将背景颜色设置为与填充颜色相同的颜色，然后单击 插入 按钮，将该流程图插入文档中。

（6）选择流程图，将其环绕方式设置为"浮于文字上方"，然后将其移至艺术字的下方。

（7）若插入的效果与文档整体不符，则可双击流程图，重新编辑，流程图最终效果如图 1-68 所示。

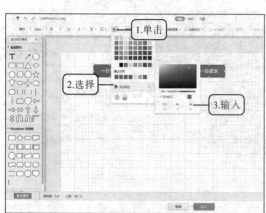

图1-67　编辑流程图

图1-68　流程图最终效果

6. 添加并编辑文本框

当公益宣传海报中需要添加较多文本时，就可以使用文本框。文本框中的文本格式也可以根据需要自行设置，其设置方法与一般的文本相同。下面在流程图下方绘制文本框，并设置文本框中文本的格式，以丰富公益宣传海报的内容，其具体操作如下。

微课

添加并编辑
文本框

（1）在"插入"选项卡中单击 文本框▾ 下拉按钮，在打开的下拉列表框中选择"横向"选项，然后绘制文本框，效果如图 1-69 所示。

（2）在文本框中输入"凝聚每一份爱，点亮每一颗心""只要人人都献出一点爱""世界将变成美好的人间"文本，并设置文本的字体为"黑体"，字号为"小三"，颜色为"白色"，然后居中对齐。

（3）选择文本框，设置文本框的填充颜色为"无填充颜色"，轮廓为"无边框颜色"，然后调整文本框的大小和位置，效果如图 1-70 所示。

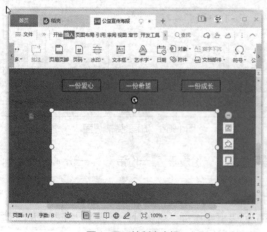

图1-69　绘制文本框

图1-70　编辑文本框

（4）按"Ctrl+S"组合键保存文档，制作完成后的效果如图 1-71 所示（配套资源:\效果\项目一\公益宣传海报.wps）。

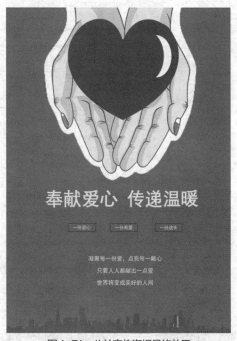

图1-71　公益宣传海报最终效果

实验五　排版和打印员工手册

（一）实验目的

- 掌握设置页面大小和页边距的方法。
- 掌握大纲视图的使用方法。
- 掌握分隔符的插入方法。
- 掌握页眉和页脚的设置方法。
- 掌握封面和目录的设置方法。
- 掌握预览并打印文档的方法。

（二）实验内容

1. 设置页面大小和页边距

"员工手册"文档一般会打印并装订成册，便于发放给员工查看。在打印文档前，需要对文档的页面大小和页边距进行设置，使文档内容能完整地显示在纸张上，其具体操作如下。

（1）打开"员工手册.wps"文档（配套资源\素材项目一\员工手册.wps），在"页面布局"选项卡中单击右下角的"页面设置"按钮┘，打开"页面设置"对话框。

（2）单击"纸张"选项卡，在"纸张大小"下拉列表框中选择"A4"选项，如图1-72所示。

（3）单击"页边距"选项卡，在"页边距"栏中的"上""下"数值框中均输入"2.54"，在"左""右"数值框中均输入"3.17"，然后单击 确定 按钮，如图1-73所示。

（4）返回文档编辑区后，可查看设置页面大小和页边距后的文档页面版式效果。

微课

设置页面大小和页边距

图1-72 设置纸张大小

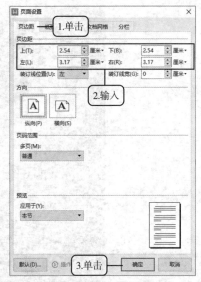

图1-73 设置页边距

提示 若在"纸张大小"下拉列表框中选择"自定义大小"选项，则用户可以在下方的"宽度"和"高度"数值框中自定义纸张的宽度和高度。

2. 使用大纲视图

"员工手册"文档中的内容与文本级别较多，此时可以通过大纲视图查看和调整文档结构，其具体操作如下。

（1）在"视图"选项卡中单击"大纲"按钮，切换到大纲视图。然后在"大纲"选项卡中的"显示级别"下拉列表框中选择"显示级别2"选项，如图1-74所示。

（2）查看所有2级标题文本后，双击"第二章　行为细则"文本左侧的 ✚ 标记，展开该标题下面的内容，如图1-75所示。

（3）在"大纲"选项卡中单击"关闭"按钮 ✖ 或在"视图"选项卡中单击"页面"按钮，返回页面视图。

微课

使用大纲视图

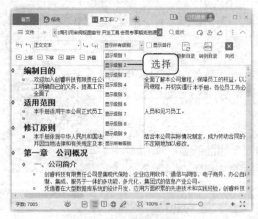

图1-74 设置显示级别

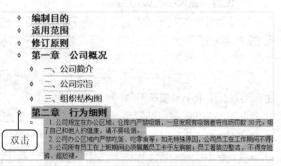

图1-75 使用大纲视图

3. 插入分隔符

分隔符主要用于标识文字分隔的位置，插入分隔符的具体操作如下。

（1）将插入点定位到"编制目的"文本前，在"页面布局"选项卡中单击 分隔符 下拉按钮。在打开的下拉列表框中选择"分页符"选项，如图1-76所示。

（2）上述操作完成后插入点所在位置将插入分页符，此时，"编制目的"文本及其后的内容将在下一页显示，如图1-77所示。

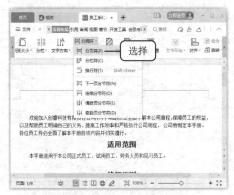

图1-76 插入分页符

图1-77 插入分页符后的效果

（3）使用相同的方法在"适用范围"文本和"第一章　公司概况"文本前添加分隔符。

> **提示** 如果文档中的编辑标记并未显示，则可在"开始"选项卡中单击"显示/隐藏编辑标记"按钮，将隐藏的编辑标记显示出来。

4. 设置页眉和页脚

为了使文档页面美观、更便于阅读，用户可以为文档添加页眉和页脚，如添加页码、公司标志、日期和作者名等，其具体操作如下。

（1）在"插入"选项卡中单击"页眉页脚"按钮，进入页眉页脚编辑状态，然后在页眉区域中输入"员工手册"文本，并设置文本格式为"宋体，五号"。

（2）在"页眉页脚"选项卡中单击"页眉页脚选项"按钮，打开"页眉/页脚设置"对话框，在"页面不同设置"栏中单击选中"首页不同"复选框，取消选中"奇偶页不同"复选框，然后单击 确定 按钮，如图1-78所示。

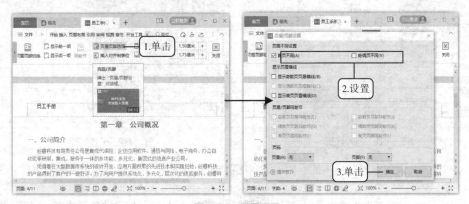

图1-78 设置页眉

（3）在"页眉页脚"选项卡中单击"页眉页脚切换"按钮，插入点将自动定位到页脚区域中。然后单击"插入页码"按钮，在打开的下拉列表框中选择"位置"栏中的"左侧"选项，单击"确定"按钮插入页码，如图1-79所示。

（4）在"页眉页脚"选项卡中单击"关闭"按钮，退出页眉页脚编辑状态，如图1-80所示。

图1-79　设置页脚

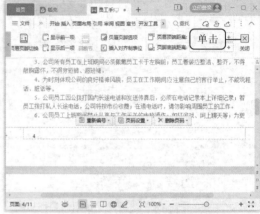

图1-80　退出页眉页脚编辑状态

5. 设置封面和创建目录

为文档添加封面可以使文档更规范、美观，此外，对于设置了多级标题的文档而言，用户可以通过索引功能提取目录，其具体操作如下。

微课
设置封面和创建
目录

（1）将插入点定位到"编辑目的"文本前。在"插入"选项卡中单击"封面页"按钮，在打开的下拉列表框中选择"预设封面页"栏中的第2个选项，如图1-81所示。

（2）在文档标题处输入"员工手册"文本，在文档副标题处输入"修订日期：2022-5-18"文本，在摘要处输入"无规矩不成方圆"文本，接着将输入的所有文本的字体设置为"思源黑体 CN Heavy"，然后删除多余的占位符，效果如图1-82所示。

图1-81　插入封面

图1-82　设置封面

（3）将插入点定位到第2页中的起始位置，接着输入"目录"文本并设置其字体等格式，然后按"Enter"键。

（4）在"引用"选项卡中单击"目录"按钮，在打开的下拉列表框中选择"自定义目录"选项，打开"目录"对话框，在"制表符前导符"下拉列表框中选择"……"选项，在"显示级别"数值框中输入"2"，取消选中"使用超链接"复选框，然后单击 确定 按钮，如图 1-83 所示。

（5）返回文档编辑区后可看到插入的目录，如图 1-84 所示（配套资源:\效果\项目一\员工手册.wps）。

<table>
<tr><td colspan="2" align="center">目　录</td></tr>
<tr><td>编制目的</td><td>3</td></tr>
<tr><td>适用范围</td><td>4</td></tr>
<tr><td>修订原则</td><td>4</td></tr>
<tr><td>第一章　公司概况</td><td>5</td></tr>
<tr><td>　一、公司简介</td><td>5</td></tr>
<tr><td>　二、公司宗旨</td><td>5</td></tr>
<tr><td>　三、组织结构图</td><td>5</td></tr>
<tr><td>第二章　行为细则</td><td>5</td></tr>
<tr><td>第三章　员工标准</td><td>6</td></tr>
<tr><td>　一、具有责任感</td><td>6</td></tr>
<tr><td>　二、富有创新精神</td><td>6</td></tr>
<tr><td>　三、善于沟通学习</td><td>6</td></tr>
<tr><td>　四、团队合作精神</td><td>6</td></tr>
<tr><td>　五、坚韧不拔的态度</td><td>6</td></tr>
<tr><td>第四章　人事管理制度</td><td>6</td></tr>
<tr><td>　一、录用制度</td><td>6</td></tr>
<tr><td>　二、聘用制度</td><td>7</td></tr>
<tr><td>　三、离职制度</td><td>7</td></tr>
<tr><td>　四、培训与发展</td><td>7</td></tr>
<tr><td>　五、考勤制度</td><td>8</td></tr>
<tr><td>　六、绩效考核</td><td>9</td></tr>
<tr><td>　七、薪酬福利制度</td><td>9</td></tr>
<tr><td>第五章　财务制度</td><td>10</td></tr>
<tr><td>　一、管理制度</td><td>10</td></tr>
<tr><td>　二、报销制度</td><td>11</td></tr>
<tr><td>声明</td><td>12</td></tr>
</table>

图 1-83　设置目录　　　　　　　　　　　图 1-84　目录效果

6. 预览并打印文档

文档中的文本内容编辑完成后可将其打印出来，为了使打印出来的文本内容便于查看，以及时发现文档中的排版问题，用户可在打印文档之前预览打印效果，其具体操作如下。

（1）选择"文件"/"打印"/"打印预览"命令，在界面下方预览打印效果。

（2）确定文档打印效果无误后，在"份数"数值框中输入打印份数，然后单击"直接打印"按钮开始打印。

微课
预览并打印文档

> **提示**　单击快速访问工具栏中的"打印"按钮，或选择"文件"/"打印"命令，打开"打印"对话框，在对话框右下角单击 选项(O)... 按钮，打开"选项"对话框，在右侧的"打印文档的附加信息"栏中单击选中"打印背景色和图像"复选框，然后单击 确定 按钮，即可打印设置的文档背景。

综合实践

1. 启动 WPS Office，按照下列要求制作"工作简报"文档，参考效果如图 1-85 所示（配套资源:\效果\项目一\工作简报.wps）。

（1）新建文档，以"工作简报"为名保存。在文档中输入"工作简报.txt"文件（配套资源:\素材\项目一\工作简报.txt）中的内容，并设置页边距为"窄"，纸张大小为"16 开"。

（2）对标题和正文文本的字体格式（字体、字号、字体颜色、加粗效果等）、段落格式（对齐方式、段落缩进和间距、编号等）进行设置。

（3）为"社会管理部　　　　2022 年 5 月 18 日"文本添加红色边框，并为最后 3 段文本添加内置的边框样式。

微课
制作"工作简报"
文档的方法

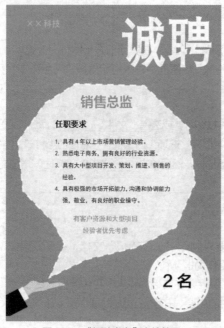

图1-85 "工作简报"文档效果

尼特斯尔公司

工 作 简 报

第 5 期

社会管理部   2022 年 5 月 18 日

关于公司产品经济利益的成果

公司去年的工作任务总的来说是以提高经济效益为中心，以提高产品质量为重点，以盘活市场为目标，开展经营活动。但仍然存在诸多问题，这里针对这些问题提出一些建议。

第一，集中力量，制订各项规划，并积极组织落实。

去年年初公司组织人员，经过调查研究，制订了全年的生产销售计划、产品质量提升规划、增加品种规划及科技工作规划等，并在此基础上，层层组织落实。现在看来，各项计划执行得较好。

第二，克服困难，组织生产，创造更好的经济效益。

去年各工厂克服了供电偏少、某些原材料不足等困难，经过一年的努力生产，公司总产值突破了 8500 万元，完成了年度计划的 98.2%，基本完成任务。总产值还比前年同期略有增加，增长幅度为 1.4%。几个主要产品产量除肉制品由于肉源供应不足而有所减少外，其他都超额完成了 3%~5%，基本完成全年计划，相比前年同期也都有不同程度的增长。总的来说，公司去年获得利润 4500 万元，完成年度计划的 95.7%，比前年同期增长 0.56%。

第三，围绕市场需求，做好食品供应。

去年春节的物资供应情况比过去任何一年都好，不仅货源足，而且品种比较齐全。

第四，狠抓产品质量，多创优质产品。

在今年年初，公司组织各厂开展了产品质量联查和创优活动，并按品种进行分类，制订了各种食品的质量标准，汇编成册后，发给各工厂执行，实现产品生产标准化、

科学化，提高了产品质量。

第五，全面开展"创四新"活动。

去年的"创四新"（创造新产品、新品种、新造型、新形象）活动，公司采取了"三个积极"（积极恢复传统产品、积极引进外地产品、积极研制新产品）的方法，共研究制作出了 80 多个新品种，如糖脂糟、巧克力糖、杨梅露、鲜桔汁、南豆腐等。这些新产品投放市场后，受到了消费者的青睐。

第六，加强科技管理工作。

今年以来，从公司到工厂都认真贯彻执行了中央第十四号文件，建立了健全的科管机构，充实了人员，制订了科研规划。从省、市科委获得了 50 万元的科研项目补助，组织了两个项目的技术鉴定，对推动食品科研和整个食品工业的发展起到了一定的作用。

第七，进行整顿，开展调查。

去年公司为加强经营管理，提高经济效益，对亏损的工厂试行了盈亏两条线的包干办法，促进工厂不断改善经营管理。

第八，工作上存在的主要问题。

1. 某些产品领导只满足于现状，缺乏进取心，跟不上公司发展。

2. 某些产品质量不稳定，时好时坏。

3. 某些原材料供应不足，影响生产正常进行。

发：公司各执行部门

送：公司领导、公司各部门总经理、存档（电子版）

社会管理部   2022 年 5 月 18 日印发

2. 启动 WPS Office，按照下列要求制作"招聘启事"文档，参考效果如图 1-86 所示（配套资源:\效果\项目一\招聘启事.wps）。

微课

制作"招聘启事"
文档的方法

图1-86 "招聘启事"文档效果

（1）新建一个空白文字文档；以"招聘启事"为名保存。在文档中绘制一个与页面大小相同的矩形，并设置其填充颜色为"浅蓝"，轮廓为"无边框颜色"。

（2）插入"手.png"图片（配套资源:\素材\项目一\手.png），设置其环绕方式为"浮于文字上方"，

然后调整图片大小并水平翻转图片，并将其置于页面左下角。

（3）绘制一个"椭圆形标注"形状，在"绘图工具"选项卡中单击"编辑形状"按钮ᐸᐳ，在打开的下拉列表中框选择"编辑顶点"选项，然后通过拖动控制点来修改形状的大小。

（4）选择形状，在"绘图工具"选项卡中单击◇按钮下方的下拉按钮▾，在打开的下拉列表框中选择"填充其他颜色"选项，打开"颜色"对话框，在"自定义"选项卡中分别设置"红色""绿色""蓝色"为"242""247""252"，然后将该形状的轮廓设置为"白色，背景1；短划线；4.5磅"。

（5）在页面右下角绘制一个无边框颜色、填充颜色为"白色，背景1"的圆形，然后复制该圆形并缩小复制后的圆形，设置其填充颜色为"无填充颜色"，轮廓为浅蓝色的虚线。

（6）插入文本框，并取消文本框的填充颜色和轮廓，然后在其中输入"诚聘"文本，并设置其"字号"为"110"，"字体颜色"为"白色，背景1"。

（7）使用同样的方法在绘制的形状上方插入文本框，然后在其中输入对应文本。其中，"任职要求"下方的文本需要设置自动编号。

3. 打开"岗位说明书"文档（配套资源:\素材\项目一\岗位说明书.wps），按照下列要求对文档进行编辑，参考效果如图1-87所示（配套资源:\效果\项目一\岗位说明书.wps）。

微课

编辑"岗位说明书"文档的方法

（1）插入封面，其样式为："预设封面页"栏中的第3个选项，并输入标题"岗位说明书"、副标题"雨蓝有限公司"、作者"人事部"。

（2）在"岗位说明书"标题下方添加"一、职位说明"文本，在第9页"会计核算科"文本前添加"二、部门说明"文本。

（3）为"一、职位说明"文本应用"标题1"样式。然后将插入点定位到"管理副总经理岗位职责"文本所在行，新建一个名为"标题2"的样式，设置样式类型为"段落"、样式基于为"标题2"、后续段落样式为"正文"；设置文本格式为"黑体，四号"；设置段前、段后间距均为"5磅"，行距为"1.73倍"。

（4）依次为各个标题设置应用样式，然后在文档标题下方提取目录。

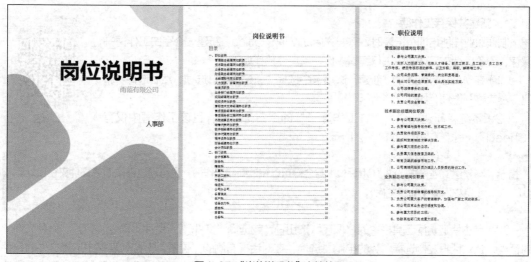

图1-87 "岗位说明书"文档效果

项目二
电子表格处理

02

实验一 制作职业技能培训登记表

（一）实验目的

- 掌握新建并保存工作簿的方法。
- 掌握行高与列宽的设置方法。
- 掌握数据有效性的设置方法。
- 掌握单元格格式的设置方法。
- 掌握工作表的编辑方法。
- 掌握保护工作簿和工作表的方法。

（二）实验内容

1. 新建并保存工作簿

制作职业技能培训登记表时，需要先启动 WPS Office，新建一个空白工作簿并保存，便于后续在工作簿中进行编辑操作，其具体操作如下。

（1）在 WPS Office 的"新建"选项卡中选择"新建表格"选项，然后选择"新建空白表格"选项，如图 2-1 所示。

（2）系统将新建一个名为"工作簿 1"的空白工作簿，且该工作簿中仅有"Sheet1"一张工作表，如图 2-2 所示。

微课

新建并保存
工作簿

>
> **提示** 与新建文档一样，按"Ctrl+N"组合键可以快速新建工作簿，也可通过在桌面或文件夹空白处单击鼠标右键来新建工作簿。

（3）单击快速访问工具栏中的"保存"按钮⊟，或选择"文件"/"保存"命令，打开"另存文件"对话框。在对话框左侧选择"我的电脑"选项，在对话框右侧的"位置"下拉列表框中选择文件的保存路径，在"文件名"下拉列表框中输入"职业技能培训登记表"文本，在"文件类型"下拉列表框中选择"WPS 表格 文件（*.et）"选项，然后单击 保存(S) 按钮保存表格，如图 2-3 所示。

>
> **提示** WPS 表格的文件格式是".et"，如果计算机中只安装了 Microsoft Office 办公软件而没有安装 WPS Office，那么将无法打开接收到的".et"格式的文件。在考虑兼容性的情况下，一般可将在 WPS Office 中制作的表格保存为".xlsx"格式。

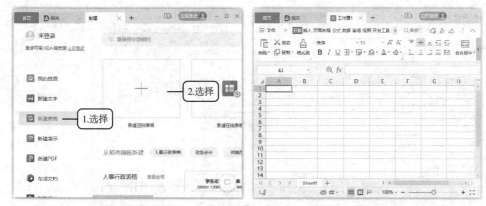

图 2-1 选择"新建空白表格"选项　　　　图 2-2 新建的空白工作簿

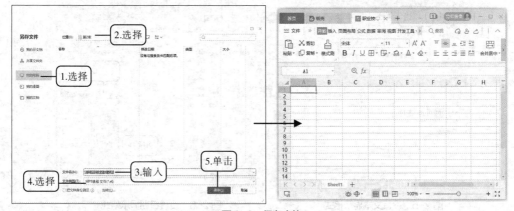

图 2-3 保存表格

2. 输入工作表数据

完成工作簿的新建与保存操作后,还需要在工作表中输入数据,搭建工作表的内容框架。WPS 表格支持输入各种类型的数据,如文本和数字等,其具体操作如下。

微课

输入工作表数据

(1)选择 A1 单元格,在其中输入"职业技能培训登记表"文本,然后按"Enter"键切换到 A2 单元格,并在其中输入"序号"文本。

(2)按"Tab"键或"→"键切换到 B2 单元格,在其中输入"部门"文本。然后使用相同的方法依次在 C2:H2 单元格区域中输入"性别""身份证号码""联系电话""学历""入职日期""报名项目"等文本。

(3)在 A3 单元格中输入"1",然后选择 A3 单元格,将鼠标指针移动到 A3 单元格右下角,当鼠标指针变成╋形状时,向下拖动填充柄至 A12 单元格,此时 A4:A12 单元格区域中将自动生成序号,如图 2-4 所示。

(4)选择 D3:D12 单元格区域,单击鼠标右键,在弹出的快捷菜单中选择"设置单元格格式"命令。打开"单元格格式"对话框,单击"数字"选项卡,在"分类"列表框中选择"文本"选项,然后单击 `确定` 按钮,如图 2-5 所示。

(5)返回工作表后,在 D3:D12 单元格区域中输入身份证号码,在 E3:E12 单元格区域中输入联系电话,在 G3:G12 单元格区域中输入入职日期。

(6)选择 G3:G12 单元格区域,在"开始"选项卡的"数字格式"下拉列表框中选择"长日期"选项,如图 2-6 所示,完成工作表数据的初步输入。

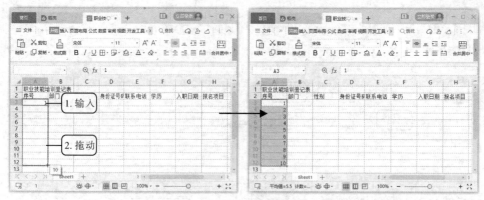

图2-4　自动填充数据

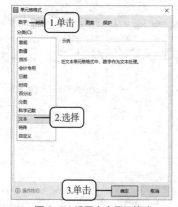

图2-5　设置文本显示格式

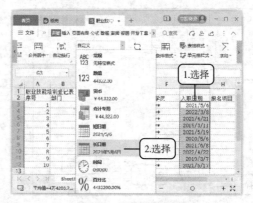

图2-6　设置日期显示格式

> **提示**　身份证号码一般为18位数字，在WPS表格中默认以数值格式显示，但超过15位的数值在表格中会以科学计数的形式显示，不符合身份证号码的显示要求，因此需要将身份证号码的显示格式设置为文本格式，使其完整显示。

3. 调整行高与列宽

默认状态下，单元格的行高和列宽固定不变，在职业技能培训登记表中输入基本数据后，会发现部分单元格中的数据因为太多而不能完全显示，因此需要调整单元格的行高与列宽，其具体操作如下。

微课

调整行高与列宽

（1）选择D列，将鼠标指针放在D列和E列的分隔线上，当鼠标指针变为 形状时，向右拖动分隔线至合适的位置，拖动过程中鼠标指针右侧将显示具体的列宽数值，如图2-7所示。

（2）选择E列，在"开始"选项卡中单击"行和列"按钮，在打开的下拉列表框中选择"最适合的列宽"选项，如图2-8所示，返回工作表后可看到所选列自动变宽。

（3）使用相同的方法调整F列、G列和H列的宽度。然后将鼠标指针移动到第1行和第2行的分隔线上，当鼠标指针变为 形状时，拖动分隔线，调整第1行的高度为"29.25"，如图2-9所示。

（4）选择第2行~第12行，在"开始"选项卡中单击"行和列"按钮，在打开的下拉列表框中选择"行高"选项。打开"行高"对话框，在"行高"数值框中输入"20"，然后单击 确定 按钮，如图2-10所示。

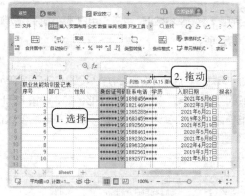
图 2-7　手动调整列宽

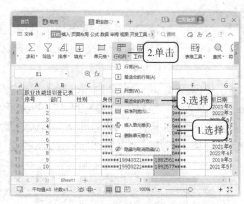
图 2-8　自动调整列宽

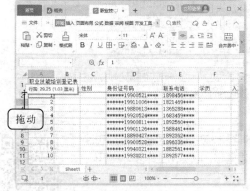
图 2-9　手动调整行高

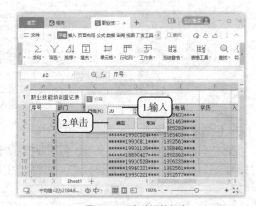
图 2-10　自动调整行高

4. 设置数据有效性

为了避免职业技能培训登记表中部门、性别、学历、报名项目的内容输入错误，用户可以为对应单元格区域设置数据有效性，其具体操作如下。

设置数据有效性

（1）选择 B3:B12 单元格区域，在"数据"选项卡中单击"有效性"按钮。打开"数据有效性"对话框，单击"设置"选项卡，在"允许"下拉列表框中选择"序列"选项，在"来源"文本框中输入"财务部,人事部,销售部,技术部"文本，如图 2-11 所示。

（2）单击"输入信息"选项卡，在"标题"文本框中输入"注意"文本，在"输入信息"文本框中输入"只能输入财务部、人事部、销售部、技术部中的某一个部门"文本，如图 2-12 所示。

（3）单击"出错警告"选项卡，在"标题"文本框中输入"警告"文本，在"错误信息"文本框中输入"输入的数据不正确，请重新输入"文本，然后单击 确定 按钮，如图 2-13 所示。

图 2-11　设置数据来源

图 2-12　设置输入信息

图 2-13　设置出错警告

提示 "允许"下拉列表框中有多种选项，"序列"主要用于设置文本数据，此外，用户还可选择"整数"
"小数""日期""时间""文本长度""自定义"等选项。

（4）在 B3:B12 单元格区域中依次输入对应的部门信息，然后使用相同的方法设置 C3:C12 单元格
区域的数据来源为"男,女"，设置 F3:F12 单元格区域的数据来源为"专科,本科,研究生"，设置 H3:H12
单元格区域的数据来源为"技术培训,人力资源培训,销售话术培训,会计考试培训"，设置完成后依次在对
应的单元格中输入数据。输入完成后的效果如图 2-14 所示。

职业技能培训登记表							
序号	部门	性别	身份证号码	联系电话	学历	入职日期	报名项目
1	技术部	男	******19900521****	1898456****	研究生	2021年5月6日	技术培训
2	人事部	女	******19911006****	1821469****	本科	2022年3月8日	人力资源培训
3	人事部	女	******19880613****	1365288****	专科	2021年6月21日	人力资源培训
4	人事部	男	******19920524****	1683459****	专科	2019年3月11日	人力资源培训
5	技术部	女	******19900811****	1892560****	本科	2021年5月19日	技术培训
6	技术部	男	******19901126****	1588461****	本科	2020年5月6日	技术培训
7	销售部	男	******18890427****	1892362****	本科	2021年6月8日	销售话术培训
8	销售部	女	******19900528****	1896336****	本科	2022年4月22日	销售话术培训
9	技术部	女	******19940321****	1882561****	研究生	2019年3月7日	技术培训
10	技术部	男	******19930221****	1892577****	本科	2021年5月17日	技术培训

图 2-14　输入数据后的效果

5. 设置单元格格式

完成所有数据的输入后，还需要设置职业技能培训登记表中的单元格格式，包括
合并单元格、设置单元格中的字体格式、设置底纹和边框等，以美化工作表，其具体
操作如下。

（1）选择 A1:H1 单元格区域，在"开始"选项卡中单击"合并居中"按钮 🔲，
或单击 🔲 下拉按钮，在打开的下拉列表框中选择"合并居中"选项。

（2）返回工作表后，可以看到所选择的单元格区域合并为一个单元格，且单元格中的数据自动居中
显示。

（3）保持单元格的选择状态，在"开始"选项卡的"字体"下拉列表框中选择"方正兰亭粗黑简体"
选项，在"字号"下拉列表框中选择"18"选项。

（4）选择 A2:H2 单元格区域，设置字体为"方正中等线简体"，字号为"12"，然后在"开始"选项
卡中单击"水平居中"按钮 ≡。

（5）在"开始"选项卡中单击"填充颜色"按钮 🖉 右侧的下拉按钮 ▾，在打开的下拉列表框中选择"橙
色，着色 4，浅色 60%"选项，然后选择 A3:H12 单元格区域，设置对齐方式为"居中"。完成后的效
果如图 2-15 所示。

职业技能培训登记表							
序号	部门	性别	身份证号码	联系电话	学历	入职日期	报名项目
1	技术部	男	******19900521****	1898456****	研究生	2021年5月6日	技术培训
2	人事部	女	******19911006****	1821469****	本科	2022年3月8日	人力资源培训
3	人事部	女	******19880613****	1365288****	专科	2021年6月21日	人力资源培训
4	人事部	男	******19920524****	1683459****	专科	2019年3月11日	人力资源培训
5	技术部	女	******19900811****	1892560****	本科	2021年5月19日	技术培训
6	技术部	男	******19901126****	1588461****	本科	2020年5月6日	技术培训
7	销售部	男	******18890427****	1892362****	本科	2021年6月8日	销售话术培训
8	销售部	女	******19900528****	1896336****	本科	2022年4月22日	销售话术培训
9	技术部	女	******19940321****	1882561****	研究生	2019年3月7日	技术培训
10	技术部	男	******19930221****	1892577****	本科	2021年5月17日	技术培训

图 2-15　设置单元格格式后的效果

（6）选择 A1:H12 单元格区域，单击鼠标右键，在弹出的快捷菜单中选择"设置单元格格式"命令。打开"单元格格式"对话框，单击"边框"选项卡，再单击"预置"栏中的"内部"按钮＋，设置内边框样式，如图 2-16 所示。

（7）在"样式"列表框中选择第 5 排第 2 个选项，然后单击"预置"栏中的"外边框"按钮□，设置外边框样式，完成后单击 确定 按钮，如图 2-17 所示。

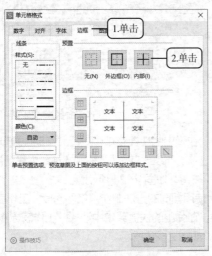

图 2-16　设置内边框样式　　　　　图 2-17　设置外边框样式

（8）返回工作表后可看到设置边框后的效果，如图 2-18 所示。

职业技能培训登记表							
序号	部门	性别	身份证号码	联系电话	学历	入职日期	报名项目
1	技术部	男	******19900521****	1898456****	研究生	2021年5月6日	技术培训
2	人事部	女	******19911006****	1821469****	本科	2022年3月8日	人力资源培训
3	人事部	女	******19880613****	1365288****	专科	2021年6月21日	人力资源培训
4	人事部	男	******19920524****	1683459****	专科	2019年3月11日	人力资源培训
5	技术部	女	******19900811****	1892560****	本科	2021年5月19日	技术培训
6	技术部	男	******19901126****	1588461****	本科	2020年5月6日	技术培训
7	销售部	男	******18890427****	1892362****	本科	2021年6月8日	销售话术培训
8	销售部	女	******19900528****	1896536****	本科	2022年4月22日	销售话术培训
9	技术部	女	******19940321****	1882561****	研究生	2019年3月7日	技术培训
10	技术部	男	******19930221****	1892577****	本科	2021年5月17日	技术培训

图 2-18　设置边框后的效果

6. 编辑工作表

完成职业技能培训登记表单元格格式的设置后，为了便于辨认，还可以设置工作表的名称。若需要制作不同的工作表，则可插入新工作表；若需要制作格式类似的工作表，则可通过复制和移动工作表的方法来快速得到新工作表。本例将按一年 4 个季度的形式制作工作表，其具体操作如下。

微课

编辑工作表

（1）在工作表标签上单击鼠标右键，在弹出的快捷菜单中选择"重命名"命令，工作表标签将以灰底显示，然后输入新的名称"第一季度"，并按"Enter"键确认，效果如图 2-19 所示。

（2）按"Ctrl+A"组合键全选表格，再按"Ctrl+C"组合键复制"第一季度"工作表中的所有内容，然后单击工作表标签右侧的"新建工作表"按钮＋。

（3）此时将新建一个名为"Sheet2"的工作表，将该工作表重命名为"第二季度"后，按"Ctrl+V"组合键粘贴"第一季度"工作表中的内容，效果如图 2-20 所示。

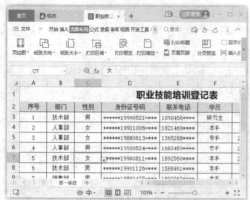

图 2-19　重命名工作表　　　　　　　　　图 2-20　为新工作表命名并粘贴内容

（4）在"第二季度"工作表标签上单击鼠标右键，在弹出的快捷菜单中选择"移动或复制工作表"命令。打开"移动或复制工作表"对话框，在"下列选定工作表之前"列表框中选择"（移至最后）"选项，并单击选中"建立副本"复选框，然后单击 确定 按钮，如图 2-21 所示。

（5）将复制的工作表重命名为"第三季度"，然后使用相同的方法制作"第四季度"工作表。

（6）在"第一季度"工作表标签上单击鼠标右键，在弹出的快捷菜单中选择"工作表标签颜色"命令，在打开的"主题颜色"面板中选择"深红"选项，如图 2-22 所示。

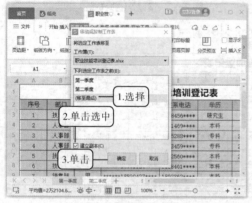

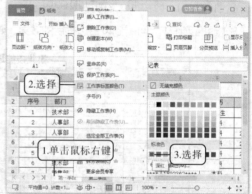

图 2-21　复制工作表　　　　　　　　　　图 2-22　设置工作表标签颜色

（7）使用相同的方法将"第二季度""第三季度""第四季度"工作表标签的颜色分别设置为"橙色""浅绿""浅蓝"。

7. 保护工作表和工作簿

制作完职业技能培训登记表后，还可以对工作表和工作簿进行保护设置，防止他人篡改表格中的数据，其具体操作如下。

（1）在"审阅"选项卡中单击"保护工作表"按钮，打开"保护工作表"对话框，在"密码（可选）"文本框中输入密码"123"，在"允许此工作表的所有用户进行"列表框中单击选中需要的复选框，然后单击 确定 按钮。打开"确认密码"对话框，输入相同密码后单击 确定 按钮，如图 2-23 所示。

（2）在"审阅"选项卡中单击"保护工作簿"按钮，打开"保护工作簿"对话框，在"密码（可选）"文本框中输入密码"456"，然后单击 确定 按钮。打开"确认密码"对话框，输入相同密码后单击 确定 按钮，如图 2-24 所示。

微课

保护工作表和
工作簿

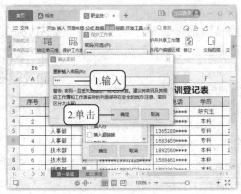

图 2-23 保护工作表

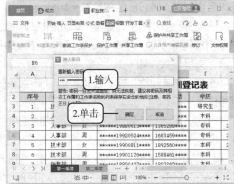

图 2-24 保护工作簿

（3）按"Ctrl+S"组合键保存工作簿，完成职业技能培训登记表的制作（配套资源:\效果\项目二\职业技能培训登记表.et）

实验二 编辑工作考核表

（一）实验目的

- 掌握 SUM、AVERAGE、MAX、MIN、RANK、IF 和 INDEX 等常用函数的使用方法。
- 掌握表格样式的设置方法。
- 掌握条件格式的设置方法。

（二）实验内容

1. 使用 SUM 函数计算总分

工作考核表中包含很多数据，这些数据需要经过统一核算后才能体现每个人的实际成绩，使用函数可以较为方便地对数据进行处理和分析。其中，计算各项成绩之和是计算数据时的一个常用操作，其具体操作如下。

（1）打开"工作考核表.et"工作簿（配套资源:\素材\项目二\工作考核表.et），选择 H3 单元格，然后在"公式"选项卡中单击"自动求和"按钮∑。

（2）此时，H3 单元格中将自动插入求和函数"SUM"，同时自动识别函数参数"C3:G3"，如图 2-25 所示。

（3）在编辑栏中单击"输入"按钮√，完成 H3 单元格中的求和计算，然后将鼠标指针移动到 H3 单元格的右下角，当鼠标指针变成➕形状时，向下拖动填充柄至 H14 单元格，计算出其他员工的考核总分，如图 2-26 所示。

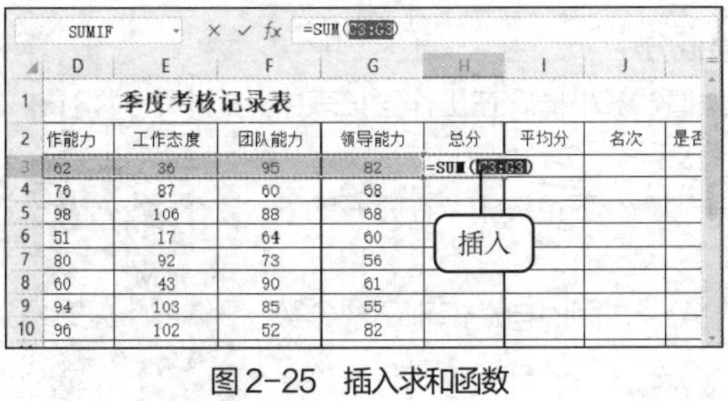

微课

使用 SUM 函数
计算总分

图 2-25 插入求和函数

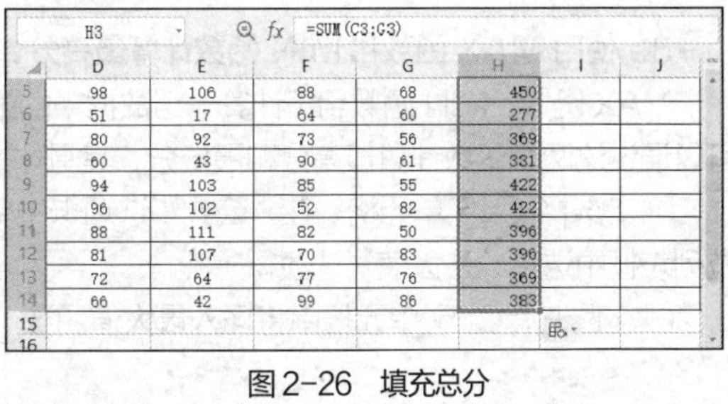

图 2-26 填充总分

2. 使用 AVERAGE 函数计算平均分

AVERAGE 函数用于计算某一单元格区域中数据的平均值，即先将单元格区域中的数据相加再除以单元格个数。在工作考核表中可以通过该函数查看员工考核的平均成绩，其具体操作如下。

（1）选择 I3 单元格，在"公式"选项卡中单击 自动求和 下拉按钮，在打开的下拉列表框中选择"平均值"选项，如图 2-27 所示。

（2）此时，I3 单元格中将自动插入平均值函数"AVERAGE"，同时自动识别函数参数"C3:H3"，手动将其更改为"C3:G3"，如图 2-28 所示。

（3）在编辑栏中单击"输入"按钮✓，完成 I3 单元格中的平均值计算，然后将鼠标指针移动到 I3 单元格的右下角，当鼠标指针变成✚形状时，向下拖动填充柄至 I14 单元格，计算出其他员工的考核平均分，如图 2-29 所示。

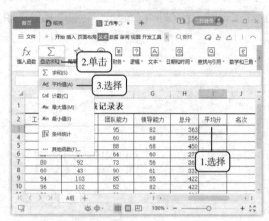

图 2-27 选择"平均值"选项

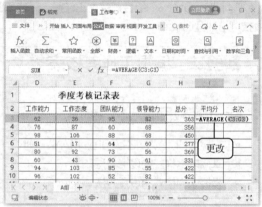

图 2-28 更改函数参数

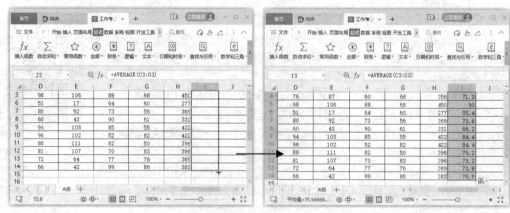

图 2-29 填充平均分

3. 使用 MAX 函数和 MIN 函数计算最高分、最低分

MAX 函数、MIN 函数用于计算一组数据中的最大值、最小值，在工作考核表中可以通过这两个函数计算最高分和最低分，其具体操作如下。

（1）选择 C15 单元格，在"公式"选项卡中单击 自动求和 下拉按钮，在打开的下拉列表框中选择"最大值"选项。

（2）此时，C15 单元格中将插入最大值函数"MAX"，同时自动识别函数参数"C3:C14"。

微课
使用 MAX 函数和
MIN 函数计算
最高分、最低分

（3）在编辑栏中单击"输入"按钮✓，完成 C15 单元格中的最大值计算，然后将鼠标指针移动到 C15 单元格的右下角，当鼠标指针变成✚形状时，向右拖动填充柄至 G15 单元格，计算出各项考核指标的最高分，如图 2-30 所示。

（4）选择 C16 单元格，在"公式"选项卡中单击 自动求和▾ 下拉按钮，在打开的下拉列表框中选择"最小值"选项。

（5）此时，C16 单元格中将插入最小值函数"MIN"，同时自动识别函数参数"C3:C15"，手动将其更改为"C3:C14"。

（6）在编辑栏中单击"输入"按钮✓，完成 C16 单元格中的最小值计算，然后将鼠标指针移动到 C16 单元格的右下角，当鼠标指针变成✚形状时，向右拖动填充柄至 G16 单元格，计算出各项考核指标的最低分，如图 2-31 所示。

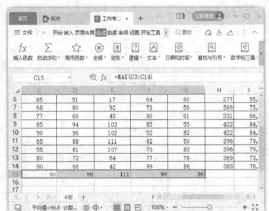
图 2-30　计算各项考核指标的最高分

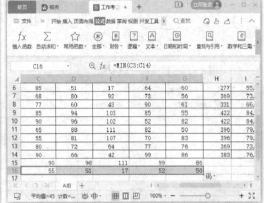
图 2-31　计算各项考核指标的最低分

4. 使用 RANK 函数计算名次

微课
使用 RANK 函数
计算名次

RANK 函数用于计算某个数据在数据列表中的排名，在工作考核表中可以用来计算员工的考核成绩排名，其具体操作如下。

（1）选择 J3 单元格，在"公式"选项卡中单击"插入函数"按钮fx或按"Shift+F3"组合键，打开"插入函数"对话框。

（2）单击"全部函数"选项卡，在"或选择类别"下拉列表框中选择"全部"选项，在"选择函数"列表框中选择"RANK"选项，然后单击 确定 按钮，如图 2-32 所示。

（3）打开"函数参数"对话框，在"数值"参数框中输入"H3"，然后单击"引用"参数框右侧的"收缩"按钮。

（4）此时该对话框处于收缩状态，选择 H3:H14 单元格区域，再单击该对话框右侧的"展开"按钮。

（5）返回"函数参数"对话框，将插入点定位到"引用"文本框中。按"F4"键将"引用"参数框中的单元格地址转换为绝对引用形式，然后单击 确定 按钮，如图 2-33 所示。

（6）返回工作表中后可查看编号为 KM-001 的员工的总分排名情况。

（7）选择 J3 单元格，将鼠标指针移动到 J3 单元格的右下角，当鼠标指针变成✚形状时，向下拖动填充柄至 J14 单元格，计算出其他员工的名次，如图 2-34 所示。

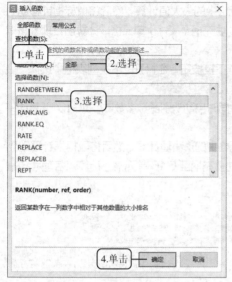

图 2-32　选择 RANK 函数

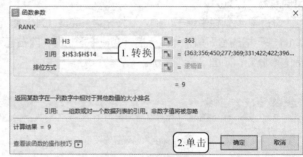

图 2-33　设置函数参数

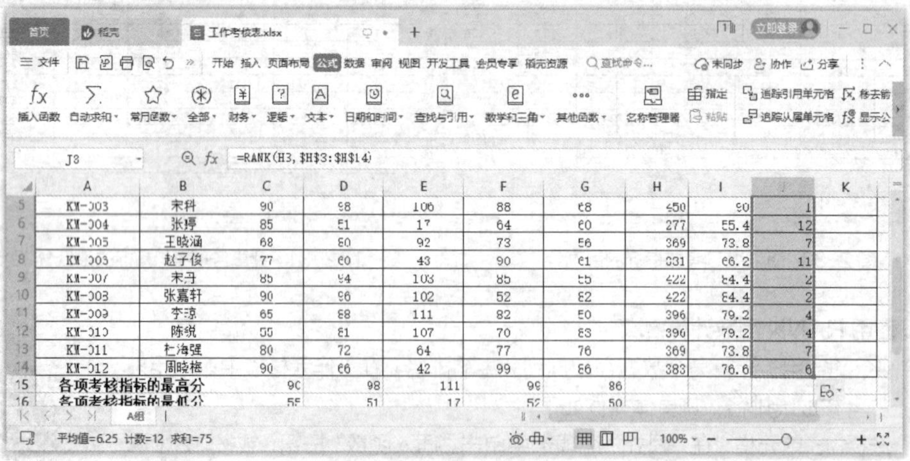

图 2-34　计算其他员工的总分排名

5. 使用 IF 函数判断员工的考核成绩是否合格

IF 函数用于判断数据表中的某个数据是否满足指定条件，如果满足则返回特定值，不满足则返回其他值。在工作考核表中可通过 IF 函数判断员工的考核成绩是否合格，其具体操作如下。

（1）选择 K3 单元格，在编辑栏中单击"插入函数"按钮 fx，打开"插入函数"对话框，在"或选择类别"下拉列表框中选择"逻辑"选项，在"选择函数"列表框中选择"IF"选项，然后单击 确定 按钮。

（2）打开"函数参数"对话框，在"测试条件"参数框中输入"H3>390"，在"真值"参数框中输入""合格""，在"假值"参数框中输入""不合格""，然后单击 确定 按钮，如图 2-35 所示。

（3）返回工作表后可看到编号为 KM-001 的员工的考核结果为不合格。将鼠标指针移动到 K3 单元格的右下角，当鼠标指针变成➕形状时，向下拖动填充柄至 K14 单元格，得出其他员工的考核结果，如图 2-36 所示。

微课

使用 IF 函数判断
员工的考核成绩
是否合格

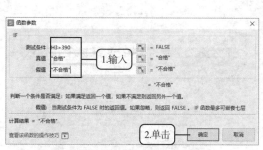

图 2-35　设置判断条件和返回逻辑值

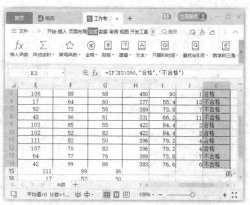

图 2-36　得出其他员工的考核结果

6. 使用 INDEX 函数查询成绩

INDEX 函数用于显示工作表或单元格区域中的值或对值的引用。在工作考核表中可通过 INDEX 函数查找指定员工的成绩，其具体操作如下。

（1）选择 C18 单元格，在编辑框中输入"=INDEX("，编辑框下方将自动提示 INDEX 函数的参数输入规则，然后选择 B3:G14 单元格区域，编辑框中将自动输入函数参数"B3:G14"。

（2）继续在编辑框中输入函数参数"，10,6)"，在编辑栏中单击"输入"按钮✔，如图 2-37 所示，完成 C18 单元格中的计算。

（3）使用相同的方法完成 C19 单元格的计算，结果如图 2-38 所示。

微课

使用 INDEX 函数
查询成绩

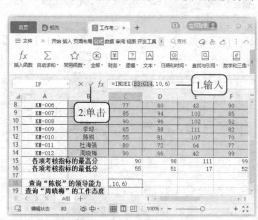

图 2-37　确认应用函数

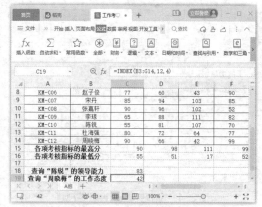

图 2-38　计算其他数据

7. 应用表格样式

WPS Office 提供了丰富的表格样式，用户可以快速应用表格样式，从而获得美观的工作表。在工作考核表中，可以为表格的主体区域应用表格样式，其具体操作如下。

（1）选择 A2:K14 单元格区域，在"开始"选项卡中单击 表格样式 下拉按钮，在打开的下拉列表框中单击"预设样式"栏中的"中色系"选项卡，然后选择"表样式中等深浅 10"选项，如图 2-39 所示。

（2）打开"套用表格样式"对话框，保持对话框中的默认设置，然后单击 确定 按钮，返回工作表后即可查看应用表格样式后的效果，如图 2-40 所示。

微课

应用表格样式

NEVER

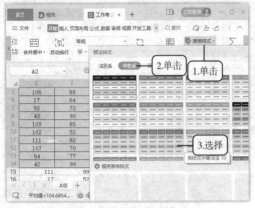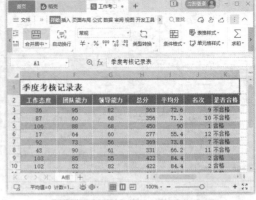

图2-39 选择表格格式　图2-40 查看应用表格样式后的效果

8. 设置条件格式

在 WPS 表格中用户可以将符合条件的单元格设置成特殊格式，以便查看与区分数据。在工作考核表中，可以设置需要重点查看的单元格，其具体操作如下。

（1）选择 J3:J14 单元格区域，在"开始"选项卡中单击"条件格式"按钮，在打开的下拉列表框中选择"突出显示单元格规则"/"介于"选项，如图2-41所示。

（2）打开"介于"对话框，在"为介于以下值之间的单元格设置格式"栏中的数值框中分别输入"1""3"，在"设置为"下拉列表框中选择"绿填充色深绿色文本"选项，然后单击　确定　按钮，如图2-42所示。

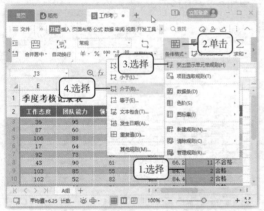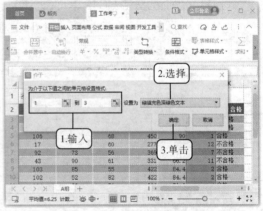

图2-41 选择突出显示单元格规则　图2-42 设置单元格格式规则

（3）返回工作表后，选择 K3:K14 单元格区域，单击"条件格式"按钮，在打开的下拉列表框中选择"新建规则"选项。

（4）打开"新建格式规则"对话框，在"选择规则类型"列表框中选择"只为包含以下内容的单元格设置格式"选项，在"只为满足以下条件的单元格设置格式"栏中的下拉列表框中分别选择"单元格值""等于"选项，然后在其右侧的文本框中输入"不合格"文本，接着在"预览"栏右侧单击　格式(F)　按钮，如图2-43所示。

（5）打开"单元格格式"对话框，单击"图案"选项卡，在"颜色"栏中选择"黄色"选项，然后单击　确定　按钮，如图2-44所示。

（6）返回"新建格式规则"对话框，单击　确定　按钮，返回工作表后可看到设置条件格式后的效果，如图2-45所示（配套资源\效果\项目二\工作考核表.et）。

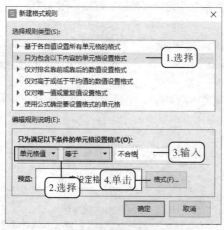

图 2-43 编辑格式规则（1）　　　　图 2-44 编辑格式规则（2）

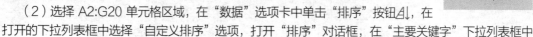

季度考核记录表										
编号	姓名	专业知识	工作能力	工作态度	团队能力	领导能力	总分	平均分	名次	是否合格
KM-001	张伟杰	88	62	36	95	82	363	72.6	9	不合格
KM-002	罗玉林	65	76	87	60	68	356	71.2	10	不合格
KM-003	宋科	90	98	106	88	68	450	90	1	合格
KM-004	张婷	85	51	17	64	60	277	55.4	12	不合格
KM-005	王晓涵	68	80	92	73	56	369	73.8	7	不合格
KM-006	赵子俊	77	60	43	90	61	331	66.2	11	不合格
KM-007	宋丹	85	94	103	85	55	422	84.4	2	合格
KM-008	张嘉轩	90	96	102	52	82	422	84.4	2	合格
KM-009	李珙	65	88	111	82	50	396	79.2	4	合格
KM-010	陈锐	55	81	107	70	83	396	79.2	4	合格
KM-011	杜海强	80	72	64	77	76	369	73.8	7	不合格
KM-012	周晓梅	90	66	42	99	86	383	76.6	6	不合格
各项考核指标的最高分		90	98	111	99	86				
各项考核指标的最低分		55	51	17	52	50				
查询"陈锐"的领导能力		83								
查询"周晓梅"的工作态度		42								

图 2-45 设置条件格式后的效果

实验三　统计分析产品销量表

（一）实验目的

- 掌握数据的排序与筛选方法。
- 掌握数据的分类汇总方法。
- 掌握创建并编辑数据透视表的方法。
- 掌握创建数据透视图的方法。

（二）实验内容

1. 产品销售量数据排序

使用数据排序功能可以对数据进行排序，这样有助于快速查找所需数据，其具体操作如下。

（1）打开"产品销售量.et"工作簿（配套资源:\素材\项目二\产品销售量.et），选择 G 列中的任意一个单元格，在"数据"选项卡中单击"排序"按钮 A↓，在打开的下拉列表框中选择"降序"选项，G 列中的数据将由高到低进行排序。

（2）选择 A2:G20 单元格区域，在"数据"选项卡中单击"排序"按钮 A↓，在打开的下拉列表框中选择"自定义排序"选项，打开"排序"对话框，在"主要关键字"下拉列表框中

微课

产品销售量数据排序

选择"季度总销售量"选项，在"排序依据"下拉列表框中选择"数值"选项，在"次序"下拉列表框中选择"降序"选项。

（3）单击 + 添加条件(A) 按钮，在"次要关键字"下拉列表框中选择"4月份"选项，在"排序依据"下拉列表框中选择"数值"选项，在"次序"下拉列表框中选择"降序"选项，然后单击 确定 按钮，如图 2-46 所示。

（4）此时，工作表中的数据将先按照季度总销售量进行降序排列，季度总销售量相同的数据按照 4 月份销量进行降序排列，结果如图 2-47 所示。

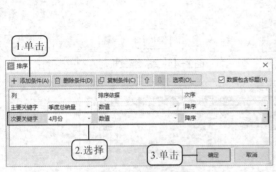

图 2-46 设置排序条件

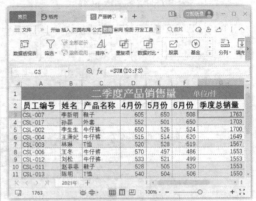

图 2-47 排序结果

（5）选择"文件"/"选项"命令。打开"选项"对话框，在对话框左侧选择"自定义序列"选项，在对话框右侧的"输入序列"文本框中输入序列字段"T恤,牛仔裤,外套,鞋子"后，单击 添加(A) 按钮，将自定义序列字段添加到左侧的"自定义序列"列表框中，然后单击 确定 按钮，如图 2-48 所示，关闭"选项"对话框。

（6）返回工作表后，选择 A3:G20 单元格区域，打开"排序"对话框，在"主要关键字"下拉列表框中选择"产品名称"选项，在"排序依据"下拉列表框中选择"数值"选项，在"次序"下拉列表框中选择"自定义序列"选项，打开"自定义序列"对话框，在"自定义序列"列表框中选择步骤（5）创建的序列，然后单击 确定 按钮返回"排序"对话框，取消选中"数据包含标题"复选框，并选择"次要关键词"选项，单击 删除条件(D) 按钮删除该条件，单击 确定 按钮。

（7）此时，工作表中的数据将按照自定义序列进行排序，效果如图 2-49 所示（配套资源:\效果\项目二\产品销售量（排序）.et）。

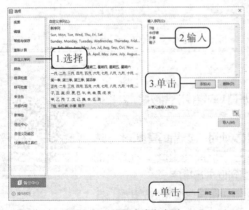

图 2-48 设置自定义序列

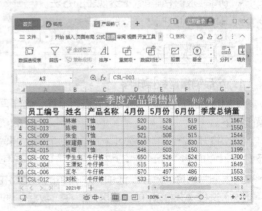

图 2-49 按自定义序列排序的效果

提示 在进行数据排序时，如果出现了内容为"此操作要求合并单元格都具有相同大小"的提示对话框，则表示选择的单元格区域中包含了合并单元格。WPS 表格无法识别合并单元格中的数据并对其进行正确排序，因此用户需要先手动选择规则的排序区域，再进行排序操作。

2. 筛选产品销量表数据

使用数据筛选功能可根据需要使表格显示满足某一个或某几个条件的数据。而隐藏其他的数据。WPS 表格提供了自动筛选、自定义筛选和高级筛选 3 种筛选功能，可以满足用户不同的筛选需求。

（1）自动筛选。

使用自动筛选功能可以在工作表中快速显示出指定字段的记录并隐藏其他记录。下面在"产品销售量.et"工作簿中筛选出产品名称为"T 恤"的相关数据，其具体操作如下。

微课
自动筛选

① 打开"产品销售量.et"工作簿，选择 A2:G2 单元格区域，在"数据"选项卡中单击"筛选"按钮 ▽，进入筛选状态，列标题单元格的右下角将显示"筛选"下拉按钮 ▾。

② 单击 C2 单元格右下角的"筛选"下拉按钮 ▾，在打开的下拉列表框中取消选中"牛仔裤""外套""鞋子"复选框，仅单击选中"T 恤"复选框，然后单击 [确定] 按钮。

③ 此时，工作表中将只显示产品名称为"T 恤"的相关数据，而其他数据被隐藏（配套资源:\效果\项目二\产品销售量（自动筛选）.et）。

提示 使用筛选功能时，还可以同时筛选多个字段的数据，其操作方法是：单击"筛选"按钮 ▽，在打开的下拉列表框中单击选中对应的复选框。在 WPS 表格中，用户还能通过颜色、数字和文本进行筛选，但是这类筛选方式都需要提前进行设置。

（2）自定义筛选。

自定义筛选多用于筛选数值数据，设定筛选条件后即可将满足指定条件的数据筛选出来，而隐藏其他数据。下面在"产品销售量.et"工作簿中筛选出季度总销量大于"1500"的数据，其具体操作如下。

微课
自定义筛选

① 打开"产品销售量.et"工作簿，在"数据"选项卡中单击"筛选"按钮 ▽，进入筛选状态，然后在 G2 单元格右下角单击"筛选"下拉按钮 ▾，在打开的下拉列表框中选择"数字筛选"/"大于"选项。

② 打开"自定义自动筛选方式"对话框，在"季度总销售量"栏中的"大于"下拉列表框右侧的下拉列表框中输入"1500"，然后单击 [确定] 按钮进行筛选，如图 2-50 所示（配套资源:\效果\项目二\产品销售量（自定义筛选）.et）。

图 2-50　自定义筛选

（3）高级筛选。

高级筛选功能可以用于自定义筛选条件，并在不影响当前工作表的情况下显示筛选结果，一般用于筛选较为复杂的数据。下面在"产品销售量.et"工作簿中筛选出5月份销量大于"510"，季度总销售量大于"1520"的数据，其具体操作如下。

微课

高级筛选

① 打开"产品销售量.et"工作簿，在 A23 单元格中输入筛选序列"5 月份"，在 A24 单元格中输入筛选条件">510"，在 B23 单元格中输入筛选序列"季度总销售量"，在 B24 单元格中输入筛选条件">1520"，然后选择数据区域中的任意一个单元格，并在"数据"选项卡中单击 筛选▾ 下拉按钮，在打开的下拉列表框中选择"高级筛选"选项。

② 打开"高级筛选"对话框，单击选中"将筛选结果复制到其它位置"单选项，在"列表区域"参数框中输入"$A$2:$G$20"，在"条件区域"参数框中输入"$A$23:$B$24"，在"复制到"参数框中输入"$A$25"，然后单击 确定 按钮，如图 2-51 所示。

③ 此时 A25:G30 单元格区域中将显示出筛选结果，如图 2-52 所示（配套资源:\效果\项目二\产品销售量（高级筛选）.et）。

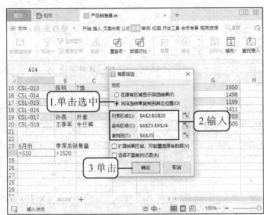

图 2-51　设置高级筛选条件　　　　　　　图 2-52　高级筛选结果

3. 对数据进行分类汇总

运用表格的分类汇总功能可以对表格中的同一类数据进行统计，使工作表中的数据变得更加清晰、直观。下面对"产品销售量.et"工作簿中的数据进行分类汇总，其具体操作如下。

微课

对数据进行分类
汇总

（1）打开"产品销售量.et"工作簿，选择 C 列数据区域中的任意一个单元格，然后在"数据"选项卡中单击"排序"按钮 A↓，在打开的下拉列表框中选择"升序"选项，使数据由低到高进行排序。

（2）选择 A2:G20 单元格区域，在"数据"选项卡中单击"分类汇总"按钮。打开"分类汇总"对话框，在"分类字段"下拉列表框中选择"产品名称"选项，在"汇总方式"下拉列表框中选择"求和"选项，在"选定汇总项"列表框中单击选中"1月份"和"2月份"复选框，然后单击 确定 按钮，如图 2-53 所示。

（3）此时工作表数据将进行分类汇总，并同时在工作表中显示汇总结果。

（4）选择 A2:G20 单元格区域，使用相同的方法打开"分类汇总"对话框，在"分类字段"下拉列表框中选择"产品名称"选项，在"汇总方式"下拉列表框中选择"平均值"选项，在"选定汇总项"列表框中单击选中"4月份""5月份""季度总销售量"复选框，并取消选中"替换当前分类汇总"复选框，然后单击 确定 按钮。

（5）返回工作表后，可查看不同产品在 1 月份和 2 月份的总销量和平均销量，以及季度总销量情况，如图 2-54 所示（配套资源:\效果\项目二\产品销售量（分类汇总）.et）。

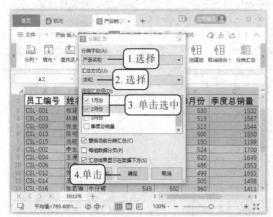

图 2-53　设置分类汇总条件

图 2-54　查看分类汇总结果

提示 分类汇总实际上就是分类加汇总，在实际操作过程中，需要先通过排序功能对数据排序，然后再通过分类功能汇总数据。如果没有对数据进行排序，汇总的结果也就没有意义。所以必须先对数据进行排序操作，再对其进行汇总操作，且排序的条件是需要分类汇总的相关字段，这样汇总的结果才会更加清晰、准确。

提示 并不是所有的工作表都能够进行分类汇总操作，只有保证工作表中具有可以分类的序列，才能进行分类汇总操作。另外，当打开已经进行了分类汇总的工作表时，在数据区域中选择任意一个单元格，然后在"数据"选项卡中单击"分类汇总"按钮，打开"分类汇总"对话框，在其中单击 全部删除(R) 按钮后，可将已创建的分类汇总结果删除。

4. 创建并编辑数据透视表

数据透视表是一种交互式的数据报表，它可以快速汇总大量的数据，同时在其中可以对汇总结果进行筛选，以查看源数据的不同统计结果。下面为"产品销售量.et"工作簿中的数据创建数据透视表，其具体操作如下。

微课

创建并编辑数据
透视表

（1）打开"产品销售量.et"工作簿，选择 A2:G20 单元格区域，在"插入"选项卡中单击"数据透视表"按钮，打开"创建数据透视表"对话框。

（2）保持"请选择单元格区域"参数框的默认设置。在"请选择放置数据透视表的位置"栏中单击选中"新工作表"单选项，然后单击 确定 按钮，如图 2-55 所示。

（3）此时系统将新建一张名为"Sheet 1"的空白工作表，并在左侧显示空白数据透视表，右侧显示"数据透视表"任务窗格。

（4）在"数据透视表"任务窗格中将"产品名称""员工编号"两个字段拖动到"筛选器"列表框中，然后使用相同的方法将"姓名"字段拖动到"行"列表框中，将"4 月份""5 月份""6 月份""季度总销售量"字段拖动到"值"列表框中。

（5）在创建好的数据透视表中单击"产品名称"字段右侧的下拉按钮。在打开的下拉列表框中选择"牛仔裤"选项，单击 确定 按钮，如图 2-56 所示，即可在工作表中显示出该选项下所有员工的数据汇总结果（配套资源:\效果\项目二\产品销售量（数据透视表）.et）。

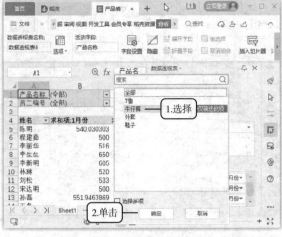

图 2-55　创建数据透视表　　　　　　　　　　　图 2-56　筛选汇总结果

5. 创建数据透视图

为了能更直观地查看数据情况，用户还可以根据数据透视表制作数据透视图。下面根据"产品销售量.et"工作簿中的数据透视表创建数据透视图，其具体操作如下。

（1）在"产品销售量.et"工作簿中创建数据透视表后，选择数据透视表中的任意一个单元格，在"分析"选项卡中单击"数据透视图"按钮，打开"图表"对话框。

微课

创建数据透视图

（2）在对话框左侧选择"柱形图"选项，在右侧列表框中双击"簇状柱形图"选项后，即可在存放数据透视表的工作表中添加数据透视图，如图 2-57 所示。

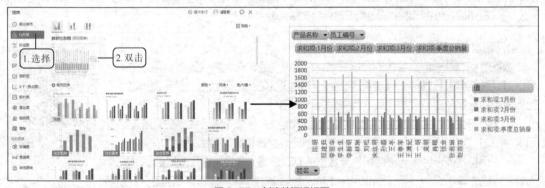

图 2-57　创建数据透视图

> **提示**　数据透视图和数据透视表是相互关联的，改变数据透视表中的内容后，数据透视图中的内容也会发生相应的变化。

（3）在创建好的数据透视图中单击 员工编号 按钮，在打开的下拉列表框中单击选中"选择多项"复选框，然后取消选中"全部"复选框，并依次单击选中前 5 个复选框，然后单击 确定 按钮，即可在数据透视图中看到编号为 CSL-001～CSL-005 的 5 位员工 1、2、3 月份的销量和一季度的总销量，如图 2-58 所示（配套资源:\效果\项目二\产品销售量（数据透视图）.et）。

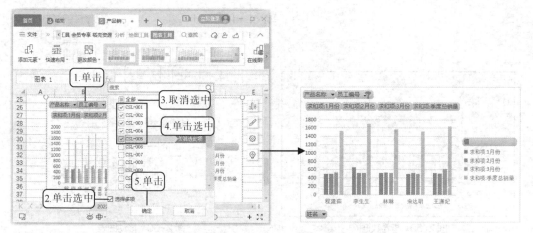

图 2-58　查看前 5 位员工在特定阶段的销售量

实验四　分析地区销量表

（一）实验目的

- 掌握创建并编辑图表的方法。
- 掌握趋势线的使用方法。
- 掌握迷你图的使用方法。

（二）实验内容

1. 创建图表

图表可以将工作表中的数据以图例的方式展现出来，因此用户可以在地区销量表中通过创建图表的方式直观查看每一个地区每月的销售数据，其具体操作如下。

微课

创建图表

（1）新建"地区销量表.et"工作簿（配套资源:\素材\项目二\地区销量表.et），输入数据并设置格式，选择 A2:M6 单元格区域，在"插入"选项卡中单击"插入柱形图"按钮，在打开的下拉列表框中选择"二维柱形图"栏中的"簇状柱形图"选项。

（2）完成上述操作后，当前工作表中将创建一个显示了各地区每月销售情况的柱形图，然后将鼠标指针移动到图表中的某一个数据系列上，即可查看该数据系列对应地区在该月的销售数据，如图 2-59 所示。

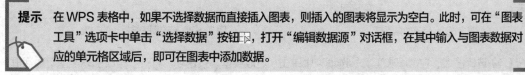

> **提示**　在 WPS 表格中，如果不选择数据而直接插入图表，则插入的图表将显示为空白。此时，可在"图表工具"选项卡中单击"选择数据"按钮，打开"编辑数据源"对话框，在其中输入与图表数据对应的单元格区域后，即可在图表中添加数据。

（3）在"图表工具"选项卡中单击"移动图表"按钮，打开"移动图表"对话框，单击选中"新工作表"单选项，在其右侧的文本框中输入新工作表的名称"地区销量对比图"，然后单击 确定 按钮，如图 2-60 所示。

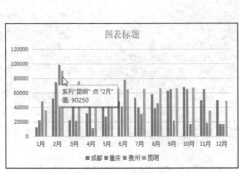

图 2-59　查看数据

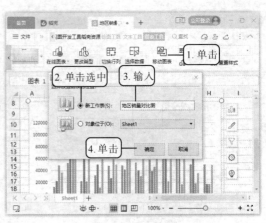

图 2-60　移动图表

（4）此时，图表将移动到新工作表中，同时图表的大小将自动调整至适合新工作表区域。

2. 编辑图表

创建好图表后，还可以对图表进行编辑，包括修改图表数据、更改图表类型、更改图表样式、调整图表布局、设置图表格式、调整图表对象的显示与分布等，其具体操作如下。

（1）选择创建好的图表，在"图表工具"选项卡中单击"选择数据"按钮，打开"编辑数据源"对话框，再单击"图表数据区域"参数框右侧的"收缩"按钮，收缩对话框。

（2）在工作表中选择 A2:G6 单元格区域，然后单击"展开"按钮。展开"编辑数据源"对话框，在"轴标签（分类）"列表框中可看到修改后的数据区域，如图 2-61 所示。

（3）单击 **确定** 按钮，返回工作表后可以看到图表中显示的序列发生了变化，如图 2-62 所示。

图 2-61　修改数据区域

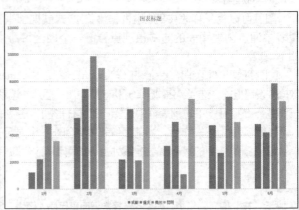

图 2-62　修改图表数据后的效果

（4）选择图表，在"图表工具"选项卡中单击"更改类型"按钮。打开"更改图表类型"对话框，在对话框左侧选择"条形图"选项，在右侧列表框中双击"簇状条形图"选项，如图 2-63 所示，更改所选图表的类型。

（5）在"图表工具"选项卡中的"样式"列表框中选择"样式 10"选项，如图 2-64 所示，更改所选图表的样式。

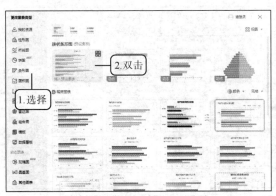

图 2-63　更改图表类型

图 2-64　更改图表样式

（6）在"图表工具"选项卡中单击"快速布局"按钮，在打开的下拉列表框中选择"布局 5"选项，如图 2-65 所示，调整所选图表的布局。

（7）在图表区中单击任意一个灰色数据条（"贵州"数据系列），WPS 表格将自动选择图表中的所有数据系列，然后单击鼠标右键，在弹出的快捷菜单中单击"填充"按钮，在打开的下拉列表框中选择"巧克力黄，着色 2，淡色 40%"选项，图表中该系列的样式随之变化。

（8）在图表空白处单击鼠标右键，在弹出的快捷菜单中单击"填充"按钮，在打开的下拉列表框中选择"白色，背景 1，深色 5%"选项，完成图表格式的设置，效果如图 2-66 所示。

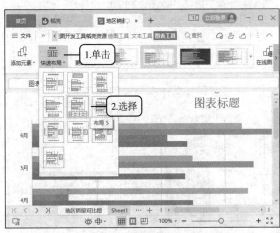

图 2-65　更改图表布局

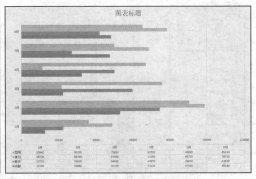

图 2-66　设置图表格式后的效果

（9）将图表标题修改为"2021 年上半年各地区销量对比"，然后在"图表工具"选项卡中单击"添加元素"按钮，在打开的下拉列表框中选择"轴标题"/"主要纵向坐标轴"选项，如图 2-67 所示。

（10）在添加的"主要纵向坐标轴"文本框中输入"上半年"文本，然后单击鼠标右键，在弹出的快捷菜单中选择"设置坐标轴标题格式"命令，打开"属性"任务窗格，在"标题选项"选项卡中单击"大小与属性"按钮，在"文字方向"下拉列表框中选择"堆积"选项，调整主要纵向坐标轴标题的方向。

（11）使用相同的方法为图表添加数据标签和图例，完成后的效果如图 2-68 所示。

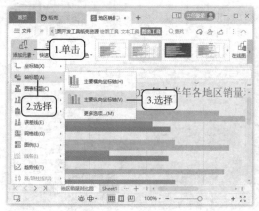

图 2-67 添加轴标题

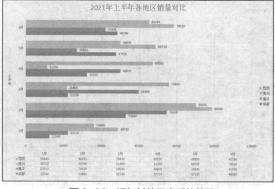

图 2-68 添加其他元素后的效果

3. 使用趋势线

趋势线用于展示图表数据的分布规律，使用户能够直观地了解数据的变化趋势，或根据数据进行预测分析。在地区销量表中，用户可以通过添加趋势线来查看数据的变化趋势，其具体操作如下。

微课

使用趋势线

（1）选择图表，用上述方法打开"更改图表类型"对话框，将图表类型更改为簇状柱形图，然后将纵向坐标轴的"文字方向"设置为"横排"。

（2）在图表中单击"昆明"数据系列。在"图表工具"选项卡中单击"添加元素"按钮，在打开的下拉列表框中选择"趋势线"/"移动平均"选项，为图表中的"昆明"数据系列添加趋势线，如图 2-69 所示。

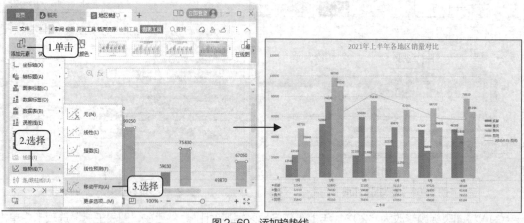

图 2-69 添加趋势线

4. 插入迷你图

完成图表的编辑并添加趋势线后，还可为地区销量表添加迷你图。迷你图简洁美观、占用空间小，可以清晰展现数据的变化趋势，为数据分析工作提供极大的便利。下面为地区销量表添加迷你图，其具体操作如下。

微课

插入迷你图

（1）在"Sheet1"工作表中选择 B7 单元格，在"插入"选项卡中单击"折线"按钮。打开"创建迷你图"对话框，在"数据范围"参数框中输入"B3:B6"，保持"选择放置迷你图的位置"参数框中的默认设置，然后单击 确定 按钮，如图 2-70 所示。

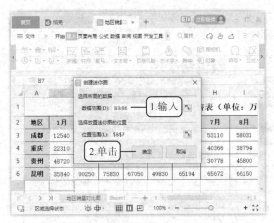

图2-70　插入迷你图

（2）保持B7单元格的选择状态，在"迷你图工具"选项卡中单击选中"高点"和"低点"复选框。接着在该选项卡中单击"标记颜色"按钮，在打开的下拉列表框中选择"高点"/"红色"选项，如图2-71所示。

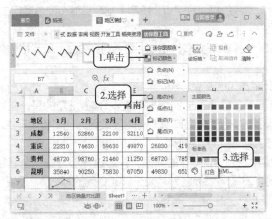

图2-71　设置高点颜色

（3）使用相同的方法将"低点"设置为"绿色"，并通过拖动B7单元格右下角的填充柄为其他数据序列快速创建迷你图（配套资源:\效果\项目二\地区销量表.et）。

　提示　迷你图无法通过按"Delete"键删除，其正确的删除方法是：在"迷你图工具"选项卡中单击"清除"按钮。

综合实践

1．新建一个空白工作簿，按照下列要求制作销售记录表，参考效果如图2-72所示（配套资源:\效果\项目二\销售记录表.et）。

（1）新建空白工作簿，以"销售记录表"为名保存，并将工作表重命名为"5月份"，然后输入销售记录表的内容。

（2）调整表格的行高和列宽、合并单元格、设置单元格数字格式，为表格设置边框和底纹等。

（3）设置单元格中文本的格式，包括字体、字号和对齐方式等。

（4）设置打印参数，并打印该工作表。

销售记录表

日期	产品名称	单价	销售量	销售额	销售员
2022/5/5	电视机	¥ 5,888.00	5	¥ 29,440.00	刘景皓
2022/5/9	饮水机	¥ 289.00	4	¥ 1,156.00	孙斌
2022/5/12	电饭煲	¥ 699.00	5	¥ 3,495.00	孙斌
2022/5/13	微波炉	¥ 699.00	12	¥ 8,388.00	张涛
2022/5/17	电视机	¥ 5,888.00	16	¥ 94,208.00	张涛
2022/5/18	冰箱	¥ 3,599.00	9	¥ 32,391.00	孙斌
2022/5/19	豆浆机	¥ 688.00	10	¥ 6,880.00	谢小芸
2022/5/20	电饭煲	¥ 699.00	8	¥ 5,592.00	刘景皓
2022/5/24	冰箱	¥ 3,599.00	8	¥ 28,792.00	谢小芸
2022/5/25	空调	¥ 4,599.00	8	¥ 36,792.00	张涛
2022/5/27	微波炉	¥ 699.00	3	¥ 2,097.00	刘景皓
2022/5/30	电磁炉	¥ 659.00	10	¥ 6,590.00	刘景皓
2022/5/31	电视机	¥ 5,888.00	6	¥ 35,328.00	孙斌

图2-72　销售记录表效果

微课

制作"销售
记录表"的方法

2. 新建"员工固定奖金表.et"工作簿（配套资源:\素材\项目二\员工固定奖金表.et），按照下列要求对表格进行操作，参考效果如图2-73所示（配套资源:\素材\项目二\员工固定奖金表.et）。

（1）调整表格的列宽和行高，并设置表格格式，包括对齐方式、单元格边框、单元格填充颜色和数字格式等。

（2）利用SUM函数计算员工的奖金总额。

（3）利用RANK.EQ函数分析员工奖金的排名情况。需要注意的是，在对该函数中的"引用"参数进行设置时，所引用的单元格地址要设置为绝对引用形式。

（4）对E列单元格中的数据进行降序排列。

（5）筛选出"总计"值大于"4000"的数据，并为这一部分数据创建簇状柱形图，然后为图表应用"样式16"图表样式，设置图表标题为"大于4000元的部分"，设置纵向坐标轴标题为"奖金总额"。

微课

制作"员工固定
奖金表"的方法

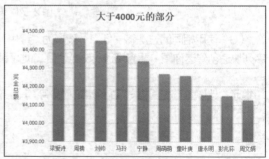

图2-73　员工固定奖金表效果

3. 新建"楼盘销售记录表.et"工作簿（配套资源:\素材\项目二\楼盘销售记录表.et），输入内容并设置格式，按照下列要求对表格进行操作，参考效果如图2-74所示（配套资源:\效果\项目二\楼盘销售记录表.et）。

（1）对"开发公司"数据序列中的数据进行升序排列，然后以"开发公司"为分类字段，"求和"为汇总方式，"已售"为汇总项进行分类汇总。

微课

制作"楼盘销售
记录表"的方法

（2）选择 2 级汇总单元格区域，创建簇状条形图，为其应用"样式 4"图表样式，并修改数据系列的颜色为"巧克力黄，着色 2，浅色 60%"。

（3）修改图表标题为"开发公司已售楼盘对比图"，并将数据标签显示在图表内，最后适当调整图表大小，完成操作。

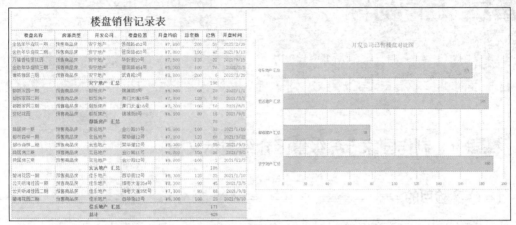

图 2-74　楼盘销售记录表效果

项目三
演示文稿制作

03

实验一　制作国家 5A 级景区介绍演示文稿

（一）实验目的

- 掌握新建并保存演示文稿的方法。
- 掌握幻灯片的新建方法。
- 掌握输入文本与设置文本格式的方法。
- 掌握文本框的使用方法。
- 掌握图片、形状、艺术字的插入与编辑方法。
- 掌握智能图形的插入与编辑方法。
- 掌握媒体文件的插入与编辑方法。

（二）实验内容

1. 新建并保存演示文稿

近年来，我国重点推进文化和旅游深度融合发展，以丰富的旅游资源拉动经济增长、乡村振兴。下面将新建一个空白演示文稿，再将其以"国家 5A 级景区介绍"为名保存在计算机中，其具体操作如下。

（1）在 WPS Office 的"新建"选项卡中选择"新建演示"选项，在右侧的列表框中选择"新建空白演示"/"以【白色】为背景色新建演示文稿"选项，如图 3-1 所示，新建一个名为"演示文稿 1"的演示文稿。

（2）在快速访问工具栏中单击"保存"按钮圆。打开"另存文件"对话框，在对话框左侧选择"我的电脑"选项，在对话框右侧的"位置"下拉列表框中选择演示文稿的保存路径，在"文件名"下拉列表框中输入"国家 5A 级景区介绍"文本，在"文件类型"下拉列表框中选择"WPS 演示 文件（*.dps）"选项，然后单击 保存(S) 按钮，如图 3-2 所示，完成演示文稿的保存操作。

微课

新建并保存演示文稿

2. 新建幻灯片

新建并保存演示文稿后，即可开始添加演示文稿中的内容。在制作"国家 5A 级景区介绍"演示文稿时，可以先搭建演示文稿的基本框架，其具体操作如下。

（1）由于新建的演示文稿中只有一张标题幻灯片，因此需要新建幻灯片，增加演示文稿中幻灯片的数量。在"幻灯片"窗格中选择第 1 张幻灯片缩略图，按"Enter"键新建一张幻灯片，新建的幻灯片版式默认为"标题和内容"版式。

微课

新建幻灯片

图 3-1 新建空白演示文稿

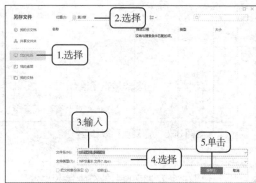

图 3-2 保存演示文稿

（2）在"开始"选项卡中单击 新建幻灯片 下拉按钮，在打开的"新建幻灯片"对话框中选择"新建"选项，在"母版版式"右侧单击"更多"超链接。在打开的"母版版式"列表框中选择第 3 行的第 1 个选项，如图 3-3 所示，新建一张"空白"版式的幻灯片。

（3）此时，演示文稿中共有 3 张幻灯片，如图 3-4 所示。

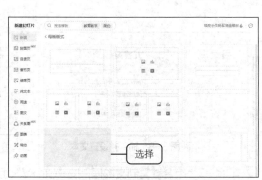

图 3-3 新建"空白"版式的幻灯片

图 3-4 新建幻灯片后的效果

3. 输入文本并设置文本格式

搭建好演示文稿的基本框架后，就可以在幻灯片中输入文本并设置文本的格式，以完善演示文稿的内容。在"国家 5A 级景区介绍"演示文稿中，可以先编辑前两张幻灯片中的文本，其具体操作如下。

微课

输入文本并设置
文本格式

（1）选择第 1 张幻灯片，将插入点定位到"空白演示"占位符中，占位符中的文本将自动消失，然后切换到中文输入法，在其中输入"旅游景区介绍"文本，接着选择文本，在"开始"选项卡中设置其字体为"方正黑体简体"。

（2）将插入点定位到"单击输入您的封面副标题"占位符中，在其中输入"国家 5A 级景区（四川）"文本，并设置与标题占位符一样的字体，效果如图 3-5 所示。

（3）在第 2 张幻灯片的"单击此处添加标题"占位符中输入"目录"文本，设置该文本的字体为"黑体"，效果如图 3-6 所示。

图 3-5　编辑第 1 张幻灯片　　　　　　　　　　图 3-6　编辑第 2 张幻灯片

4. 文本框的使用

除了可以在演示文稿的占位符中输入文本外，用户还可以在文本框中输入文本。在编辑"国家 5A 级景区介绍"演示文稿的第 2 张幻灯片时，可以添加文本框，并在文本框中输入目录的具体内容，其具体操作如下。

微课

文本框的使用

（1）选择第 2 张幻灯片，在"插入"选项卡中单击 文本框▾ 下拉按钮，在打开的下拉列表框中选择"横向文本框"选项，然后在幻灯片中绘制文本框，如图 3-7 所示。

（2）在文本框中输入"九寨沟"文本，并设置字体为"方正正中黑简体"，字号为"32"。

（3）将插入点定位到"单击此处添加文本"占位符中，在其中输入图 3-8 所示的文本，并设置字体为"方正正中黑简体"，文本字号为"16"，然后将该文本框拖曳到"九寨沟"文本的下方，并调整文本框的大小。

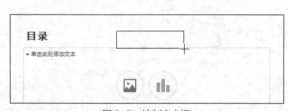

图 3-7　绘制文本框

图 3-8　输入并设置文本

（4）选择"九寨沟"文本框和其下方的文本框，按"Ctrl+C"组合键复制文本框，按"Ctrl+V"组合键粘贴文本框，然后修改文本框中的内容，并将其拖曳到合适的位置，然后粘贴两次文本框，修改文本框中的文本，效果如图 3-9 所示。

（5）选择"目录"文本框，在"开始"选项卡中单击"文字方向"按钮，在打开的下拉列表框中选择"竖排"选项，如图 3-10 所示，设置该文本的显示方向。

图 3-9　复制文本框并修改其中的文本

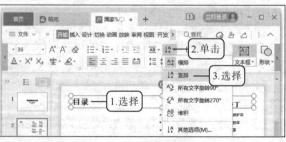

图 3-10　设置文本竖排显示

5. 插入并编辑图片、形状

图片、形状可以起到美化演示文稿的作用，并辅助文本说明演示文稿的内容。在"国家 5A 级景区介绍"演示文稿中添加图片和形状，可以使演示文稿图文并茂，其具体操作如下。

微课

插入并编辑图片、
形状

（1）选择第 1 张幻灯片，在"插入"选项卡中单击"图片"按钮。打开"插入图片"对话框，选择"封面.png"图片（配套资源\素材\项目三\景区介绍\封面.png），然后单击 打开(O) 按钮，如图 3-11 所示。

（2）将图片拖曳到幻灯片右上角。将鼠标指针放在图片左下角的控制点上，向左下方拖曳控制点以放大图片，如图 3-12 所示。

图3-11　插入图片

图3-12　调整图片大小

（3）选择图片，在"图片工具"选项卡中单击"下移一层"按钮右侧的下拉按钮，在打开的下拉列表框中选择"置于底层"选项，如图 3-13 所示。

（4）在"插入"选项卡中单击"形状"按钮，在打开的下拉列表框中选择"矩形"栏中的"矩形"选项，如图 3-14 所示。

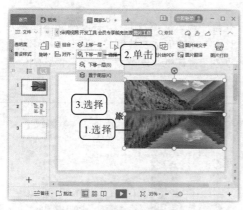

图3-13　设置图片的排列顺序

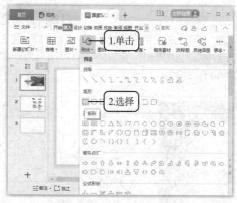

图3-14　选择"矩形"选项

（5）在按住"Shift"键的同时绘制一个矩形，并设置矩形的填充颜色为"白色，背景 1，深色 5%"，轮廓为"无边框颜色"，然后将鼠标指针移至矩形上方的 图标上，向右拖曳鼠标以旋转矩形，效果如图 3-15 所示。

（6）按"Ctrl+C"组合键复制该矩形，再按"Ctrl+V"组合键粘贴该形状，然后设置粘贴得到的矩形的填充颜色为"无填充颜色"，轮廓为"白色，背景 1"，接着适当调整两个矩形的位置，按

"Ctrl+G"组合键将它们组合在一起，并将其调整到文本的下一层。

（7）将"旅游景区介绍"文本的字号设置为"48"，使其能完整显示在矩形中，再调整文本框的大小，并适当调整文本框在矩形形状中的位置。

（8）适当调整矩形与文本的位置。在"旅游景区介绍"和"国家5A级景区（四川）"文本的中间绘制一条直线，并设置直线的样式为"细微线-深色1"，效果如图3-16所示。

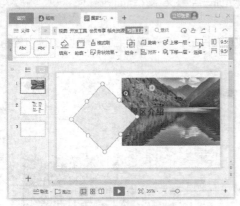

图 3-15　绘制并编辑形状　　　　　图 3-16　绘制直线

（9）在第2张幻灯片中插入"目录.png"图片（配套资源:\素材\项目三\目录.png），调整其大小并将其放置在幻灯片的左侧。

（10）在图片上层绘制一个圆角矩形，并设置圆角矩形的填充颜色为"白色，背景 1"，轮廓为"无边框颜色"，然后复制一个圆角矩形，设置复制得到的圆角矩形的填充颜色为"无填充颜色"，轮廓为"黑色，文字 1，浅色 50%"，接着将"目录"文本移动到圆角矩形上层，调整文本框的大小，并设置文本对齐方式为"分散对齐"，效果如图3-17所示。

（11）选择第 1 张幻灯片中绘制的组合形状，按"Ctrl+C"组合键复制该组合形状，然后选择第2张幻灯片，按"Ctrl+V"组合键粘贴该组合形状，并将其填充颜色修改为"橙色，着色4，深色 25%"。

（12）调整组合形状的大小，绘制横排文本框，在其中输入文本"1"，并设置文本颜色为"白色，背景 1"，然后选择组合形状和文本框，复制 3 次，将它们依次放到"九寨沟""稻城亚丁""乐山大佛""峨眉山"文本前并修改组合形状中的文本，最后适当调整文本和组合形状的位置，效果如图3-18所示。

图 3-17　在第 2 张幻灯片中添加图片和形状　　　　图 3-18　第 2 张幻灯片的最终效果

6. 插入并编辑艺术字

艺术字可以美化演示文稿。在"国家 5A 级景区介绍"演示文稿中，可以使用艺术字制作景区介绍的标题文本，其具体操作如下。

（1）选择第 3 张幻灯片，在"插入"选项卡中单击"艺术字"按钮，在打开的下拉列表框中选择"填充-黑色，文本 1，阴影"选项，如图 3-19 所示。

（2）在艺术字文本框中输入"九寨沟"文本，设置字体为"黑体"，字号为"32"，然后将其移动到幻灯片左上角，接着复制第 2 张幻灯片中的组合形状，并将组合形状移动到艺术字左侧，效果如图 3-20 所示。

微课

插入并编辑艺术字

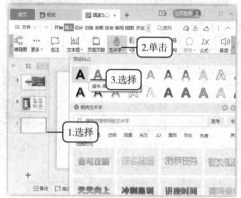

图 3-19 插入艺术字

图 3-20 编辑艺术字并复制组合形状

（3）在第 3 张幻灯片中插入并调整"九寨沟"素材文件夹（配套资源:\素材\项目三\景区介绍\九寨沟）中的图片，然后输入相应的文本并绘制形状，效果如图 3-21 所示。

（4）选择第 3 张幻灯片，按"Ctrl+C"组合键复制该幻灯片，再按"Ctrl+V"组合键粘贴该幻灯片，得到第 4 张幻灯片，接着修改第 4 张幻灯片中的文本和图片，完成第 4 张幻灯片的制作，效果如图 3-22 所示。

图 3-21 编辑第 3 张幻灯片

图 3-22 编辑第 4 张幻灯片

（5）使用相同的方法复制并粘贴 4 次第 4 张幻灯片，然后修改幻灯片中的文本和图片，完成第 5～8 张幻灯片的制作，效果如图 3-23 所示。

图 3-23 第 5～8 张幻灯片的效果

图3-23　第5～8张幻灯片的效果（续）

7. 插入并编辑智能图形

微课

插入并编辑智能
图形

在制作"国家5A级景区介绍"演示文稿时，若需要绘制用于展示时间变化或关系变化的图形，则可以使用智能图形，其具体操作如下。

（1）选择第6张幻灯片，在"插入"选项卡中单击"智能图形"按钮，打开"智能图形"对话框，在对话框上方单击"图片"选项卡，在下方的列表框中选择"蛇形图片题注列表"选项，如图3-24所示。

（2）插入智能图形后，在其中输入文本，并设置字体为"方正黑体简体"，字号为"18"，然后调整智能图形的大小，将其移动到幻灯片上方的空白处，效果如图3-25所示。

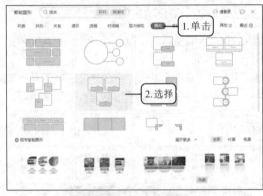

图3-24　插入智能图形

图3-25　编辑智能图形

（3）单击智能图形中的缩略图图标，打开"插入图片"对话框，在其中选择"图片 1.png"图片（配套资源:\素材\项目三\景区介绍\乐山大佛\图片 1.png），单击"打开(O)"按钮添加图片，如图3-26所示。

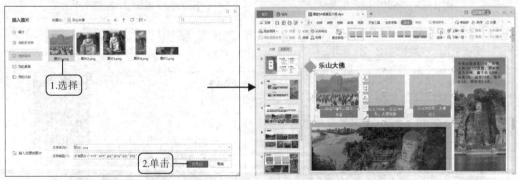

图3-26　为智能图形添加图片

（4）使用相同的方法添加"图片 2.png"和"图片 3.png"图片，然后选择智能图形，在"设计"

选项卡中单击"更改颜色"按钮，在打开的下拉列表框中选择"彩色"栏中的第 4 个选项，如图 3-27 所示。智能图形编辑完成后的效果如图 3-28 所示。

图 3-27　设置智能图形的颜色　　　　　　　图 3-28　智能图形效果

8. 插入并编辑媒体文件

为了丰富"国家 5A 级景区介绍"演示文稿的视听效果，用户可以在幻灯片中添加媒体文件，其具体操作如下。

（1）复制粘贴第 1 张幻灯片，并将粘贴的幻灯片移动到最后，接着将幻灯片中的"旅游景区介绍"文本修改为"谢谢观看！"文本，完成第 9 张幻灯片的制作，效果如图 3-29 所示。

微课

插入并编辑媒体文件

（2）选择第 1 张幻灯片，在"插入"选项卡中单击"音频"按钮，在打开的下拉列表框中选择"嵌入音频"选项，打开"插入音频"对话框，在其中选择"背景音乐.wma"音频文件（配套资源:\素材\项目三\景区介绍\背景音乐.wma），然后单击 打开(O) 按钮，如图 3-30 所示。

图 3-29　制作最后一张幻灯片

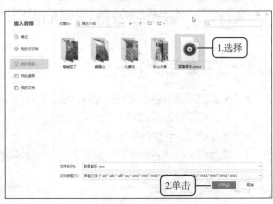

图 3-30　插入音频文件

（3）将插入的音频图标移动到幻灯片左下角。在"音频工具"选项卡中的"开始"下拉列表框中选择"自动"选项，并单击选中"跨幻灯片播放"单选项及"循环播放，直至停止"和"放映时隐藏"复选框，如图 3-31 所示。

（4）按"Ctrl+S"组合键保存演示文稿，并查看制作完成后的最终效果，如图 3-32 所示（配套资源:\效果\项目三\国家 5A 级景区介绍.dps）。

图 3-31　设置音频文件

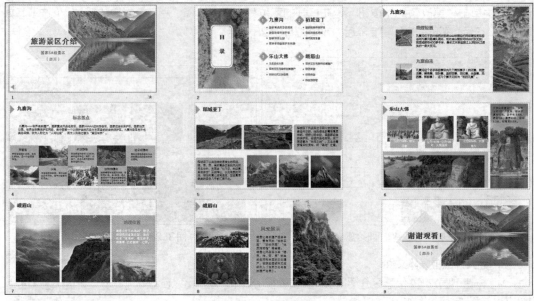

图 3-32　最终效果

> **提示**　单击选中"跨幻灯片播放"单选项，音频文件将从当前幻灯片一直跨页播放到最后。此外，在幻灯片中除了可以插入音频文件外，还可以在"插入"选项卡中单击"视频"按钮 ▷ 插入视频文件。

实验二　编辑绩效管理手册演示文稿

（一）实验目的

- 掌握幻灯片主题和背景的设置方法。
- 掌握幻灯片母版的制作和使用方法。
- 掌握幻灯片切换效果的设置方法。
- 掌握幻灯片动画效果的设置方法。

（二）实验内容

1. 应用幻灯片主题

幻灯片主题包括预设的背景、字体格式等，用户既可在新建演示文稿时应用主题，又可在已经创建好的演示文稿中应用主题，应用主题后还可以修改主题中搭配好的颜色、效果及字体等。在制作"绩效管理手册"演示文稿时，可以为演示文稿应用 WPS Office 内置的主题，并根据需要设置主题的效果，其具体操作如下。

微课

应用幻灯片主题

（1）打开"绩效管理手册. dps"演示文稿（配套资源:\素材\项目三\绩效管理手册. dps），登录 WPS 账号。在"设计"选项卡中单击"智能美化"按钮 ⬡，在打开的下拉列表框中选择"全文换肤"选项，如图 3-33 所示。

（2）打开"全文美化"对话框，在对话框左侧选择"全文换肤"选项，在对话框右侧单击"分类"

按钮 分类 ，在打开的下拉列表框中选择"专区"/"免费专区"选项，在下方列表框中的"浅色简约工作总结"选项上单击 预览换肤效果 按钮，在右侧的"美化预览"任务窗格中取消选中第 7 张幻灯片右下角的复选框，然后单击 应用美化 (7) 按钮，为演示文稿应用该主题，如图 3-34 所示。

图 3-33 选择"全文换肤"选项

图 3-34 应用主题

（3）删除主题自带的"202X"文本框。在"设计"选项卡中单击"统一字体"按钮 AA，在打开的下拉列表框中选择"党政宣传"选项，如图 3-35 所示。

（4）在"设计"选项卡中单击 "配色方案"按钮 ，在打开的下拉列表框中选择"高级蓝灰"选项，如图 3-36 所示。

图 3-35 设置主题字体

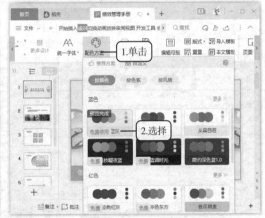

图 3-36 设置主题颜色

2. 设置幻灯片背景

幻灯片的背景既可以设置为一种颜色，又可以设置为多种颜色，还可以设置为图片。设置幻灯片背景是快速改变幻灯片效果的方法之一。下面为"绩效管理手册"演示文稿设置背景，以提升演示文稿的美观度，其具体操作如下。

（1）选择第 1 张幻灯片。在幻灯片空白处单击鼠标右键，在弹出的快捷菜单中选择"设置背景格式"命令，如图 3-37 所示。

（2）打开"对象属性"任务窗格，在"填充"栏中单击选中"图片或纹理填充"单选项，然后在"图片填充"下拉列表框中选择"本地文件"选项，如图 3-38 所示。

图 3-37　选择"设置背景格式"命令

图 3-38　设置填充属性

（3）打开"选择纹理"对话框，在其中选择"背景.jpg"图片（配套资源:\素材\项目三\背景.jpg），然后单击 按钮，如图 3-39 所示。

（4）返回"对象属性"任务窗格，在"填充"栏中单击选中"隐藏背景图形"复选框，然后将鼠标指针移动到 —— 按钮上，单击鼠标右键，在弹出的快捷菜单中选择"隐藏任务窗格"命令，隐藏该任务窗格。

（5）绘制一个矩形，并设置其填充颜色为"白色，背景 1"，轮廓为"无边框颜色"，然后将其置于文字下方，效果如图 3-40 所示。

图 3-39　选择背景图片

图 3-40　设置背景后的效果

提示　设置幻灯片背景后，在"设置背景格式"任务窗格左下角单击 全部应用 按钮，可将该背景应用到演示文稿的所有幻灯片中。

3. 制作并使用幻灯片母版

在幻灯片的制作过程中，母版的使用频率非常高，在母版中进行的每一项编辑操作都可能影响使用了该版式的所有幻灯片。在制作"绩效管理手册"演示文稿时，可进入幻灯片母版视图，在其中设置标题占位符、正文占位符和页眉与页脚的格式，其具体操作如下。

微课

制作并使用
幻灯片母版

（1）在"视图"选项卡中单击"幻灯片母版"按钮▣，进入幻灯片母版视图。

（2）选择第1张幻灯片作为母版（表示在该幻灯片中的编辑将应用于整个演示文稿），选择"单击此处编辑母版标题样式"标题占位符，在"开始"选项卡中设置字体为"方正正中黑简体"，字号为"44"，如图3-41所示。

（3）选择正文占位符中的"单击此处编辑母版文本样式"文本，在"开始"选项卡中设置字体为"黑体"，字号为"26"，如图3-42所示。

图3-41 设置标题占位符中文本的格式　　　　3-42 设置正文占位符中文本的格式

（4）将鼠标指针移动到正文占位符下边框中间的控制点上，向上拖曳控制点以降低占位符的高度，如图3-43所示。

（5）在"插入"选项卡中单击"形状"按钮◗，在打开的下拉列表框中选择"椭圆"选项，按住"Shift"键，同时在幻灯片右下角绘制一个圆形，然后设置圆形的填充颜色为"培安紫，着色1"，轮廓为"无边框颜色"，并将其置于底层，效果如图3-44所示。

图3-43 调整正文占位符的高度　　　　　　图3-44 绘制并调整形状

（6）在"插入"选项卡中单击"页眉页脚"按钮▤，打开"页眉和页脚"对话框。

（7）单击"幻灯片"选项卡，单击选中"日期和时间"复选框，其下方的相关选项将自动激活；再单击选中"自动更新"单选项，每张幻灯片下方显示的日期和时间将根据演示文稿每次打开的日期与时间而自动更新。

（8）单击选中"幻灯片编号"复选框，幻灯片将根据在演示文稿中的顺序显示编号。

（9）单击选中"页脚"复选框，下方的文本框将自动激活，然后在其中输入"绩效管理"文本。

（10）单击选中"标题幻灯片不显示"复选框，使所有的设置都不在标题幻灯片中生效。步骤（6）～（10）的操作如图3-45所示。

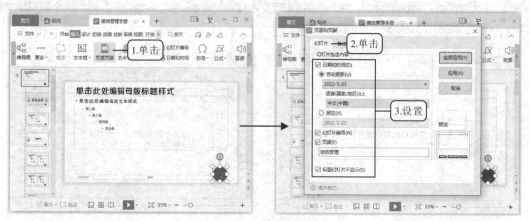

图3-45　设置页眉和页脚

（11）单击 全部应用(Y) 按钮，返回幻灯片母版视图，选择幻灯片底部的3个占位符，设置其中的文本字号为"12"，然后设置右侧两个占位符中文本的字体颜色为"白色，背景1"，并缩小这两个占位符，将它们置于顶层，再移动到绘制的圆形上，效果如图3-46所示。

（12）在"幻灯片母版"选项卡中单击"关闭"按钮⊠，返回普通视图，此时可发现设置的格式已应用于各张幻灯片中，图3-47所示为幻灯片应用母版后的效果。

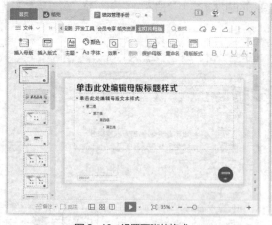

图3-46　设置页脚的格式

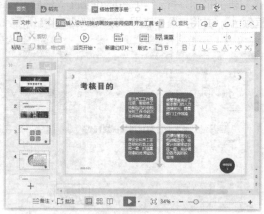

图3-47　幻灯片应用母版后的效果

（13）依次查看每一张幻灯片，适当调整标题、正文和图片等对象之间的距离，并调整智能图形的颜色，使幻灯片中各对象的显示效果更协调，然后删除最后一张幻灯片中的页脚，效果如图3-48所示。

 提示　在"视图"选项卡中单击"讲义母版"按钮⊞或"备注母版"按钮☰，将进入讲义母版视图或备注母版视图，在其中可设置讲义页面或备注页面的版式。

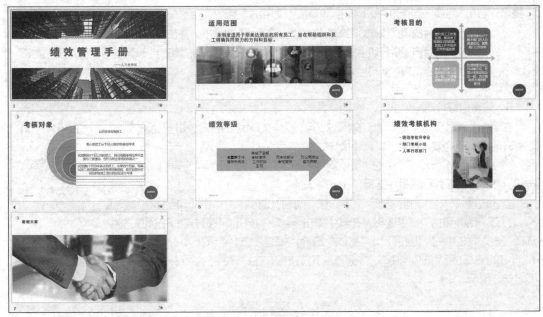

图 3-48 调整格式后的效果

4. 设置幻灯片切换效果

WPS 演示提供了多种预设的幻灯片切换效果。在默认情况下，上一张幻灯片和下一张幻灯片之间没有设置切换效果，但在制作"绩效管理手册"演示文稿时，可以为幻灯片添加合适的切换效果，使演示文稿富有动感，便于后续的演示，其具体操作如下。

（1）在"幻灯片"窗格中按"Ctrl+A"组合键选择所有幻灯片缩略图，然后在"切换"选项卡中单击 ▾ 按钮，在打开的下拉列表框中选择"立方体"选项，如图 3-49 所示。

（2）在"切换"选项卡中的"声音"下拉列表框中选择"风铃"选项，然后单击"应用到全部"按钮 ，将声音效果应用到所有幻灯片中，接着在"换片方式"栏单击选中"单击鼠标时换片"复选框，如图 3-50 所示。

微课

设置幻灯片切换
效果

图 3-49 选择切换效果

图 3-50 设置切换效果

> **提示** 若在"切换"选项卡中单击选中"单击鼠标时换片"复选框，则在放映幻灯片时只有单击鼠标后才会进行幻灯片的切换操作；若单击选中"自动换片"复选框，并在其右侧的数值框中输入时间值，则可使幻灯片自动进行切换操作。设置幻灯片切换效果后，在"切换"选项卡中单击"预览效果"按钮 ，可预览设置的切换效果。

5. 设置幻灯片动画效果

在制作"绩效管理手册"演示文稿时，可以为幻灯片中的各对象设置动画效果，以提升演示文稿的演示效果，其具体操作如下。

（1）选择第1张幻灯片中的"绩效管理手册"文本，在"动画"选项卡中单击 按钮，在打开的下拉列表框中选择"切入"选项。

（2）选择"——人力资源部"文本，在"动画"选项卡中单击"动画窗格"按钮☆，打开"动画窗格"任务窗格，在其中单击 添加效果▾ 按钮。在打开的下拉列表框中选择"进入"栏中的"温和型"/"缩放"选项，如图3-51所示。

（3）在"动画"选项卡中单击 动画属性▾ 下拉按钮，在打开的下拉列表框中选择"轻微放大"选项，如图3-52所示。

微课

设置幻灯片动画效果

图3-51 添加进入效果

图3-52 修改动画效果

（4）保持"——人力资源部"文本的选择状态，再次单击 添加效果▾ 按钮，在打开的下拉列表框中选择"强调"栏中的"陀螺旋"选项，然后在"动画"选项卡中单击 动画属性▾ 下拉按钮，在打开的下拉列表框中选择"逆时针"选项。

> **提示** 步骤（4）的操作目的是为"——人力资源部"文本再增加一个"陀螺旋"动画效果。在为对象添加动画效果时，用户可根据需要为同一个对象设置多个动画效果，且为对象设置动画效果后，对象右侧将会显示一个数字，该数字表示动画效果的放映顺序。

（5）选择"动画窗格"任务窗格中的第3个选项，在"动画"选项卡的"开始播放"下拉列表框中选择"在上一动画之后"选项，在"持续时间"数值框中输入"00.30"，在"延迟时间"数值框中输入"00.20"，如图3-53所示。

提示 "动画"选项卡的"开始播放"下拉列表框中各选项的含义如下："单击时"表示单击时开始播放动画；"与上一动画同时"表示播放前一动画的同时播放该动画；"在上一动画之后"表示前一动画播放完之后，到设定的时间再自动播放该动画。

（6）选择"动画窗格"任务窗格中的第 1 个选项，将其拖曳到最后，调整该动画的播放顺序。

（7）在调整顺序后的最后一个选项上单击鼠标右键，在弹出的快捷菜单中选择"效果选项"命令，打开"切入"对话框，单击"效果"选项卡，在"增强"栏中的"声音"下拉列表框中选择"电压"选项，单击其右侧的"音量"按钮，在打开的下拉列表框中拖曳滑块，调整音量，然后单击 确定 按钮，如图 3-54 所示。

（8）按"Ctrl+S"组合键进行保存，完成"绩效管理手册"演示文稿的制作（配套资源:\效果\项目三\绩效管理手册.dps）。

图 3-53　设置动画时间

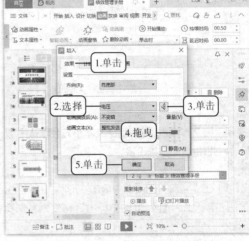

图 3-54　设置动画声音

实验三　放映并输出环保宣传演示文稿

（一）实验目的

- 掌握超链接与动作按钮的创建方法。
- 掌握幻灯片放映、隐藏及排练计时的方法。
- 掌握演示文稿的打印与打包操作。

（二）实验内容

1. 创建超链接与动作按钮

超链接用于链接幻灯片中的多个对象，以达到执行单击操作时自动跳转到对应位置的目的，这是放映演示文稿时的常用操作。下面以"环保"为主题制作一则演示文稿，呼吁学生爱护环境，养成垃圾分类的好习惯，参与净土保卫战，实现人与自然和谐共生。在制作"环保宣传"演示文稿时，可以为目录中的相关内容创建超链接，然后添加动作按钮，其具体操作如下。

微课

创建超链接与
动作按钮

（1）打开"环保宣传.dps"演示文稿（配套资源:\素材\项目三\环保宣传. dps），选择第2张幻灯片中的"垃圾分类的意义"文本，在"插入"选项卡中单击"超链接"按钮 。

（2）打开"插入超链接"对话框，在"链接到"列表框中选择"本文档中的位置"选项，在"请选择文档中的位置"列表框中选择"3.节省土地资源"选项，然后单击 确定 按钮，如图3-55所示。

（3）返回幻灯片编辑区可看到设置了超链接的文本颜色已发生变化，并且文本下方有一条横线。使用相同方法将"垃圾处理的现状"文本链接到第4张幻灯片，将"垃圾的分类"文本链接到第5张幻灯片，效果如图3-56所示。

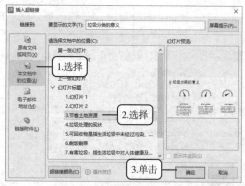
图3-55 "插入超链接"对话框

图3-56 设置超链接后的效果

提示 为文本设置超链接后，文本下方会默认添加一条横线，若不想显示横线，则可选择文本所在的文本框进行超链接设置。

（4）在"插入"选项卡中单击"形状"按钮 ，在打开的下拉列表框中选择"动作按钮"栏中的"动作按钮: 第一张"选项，此时鼠标指针将变为十形状。在幻灯片右下角空白处绘制该动作按钮，如图3-57所示。

（5）绘制好动作按钮后，将自动打开"动作设置"对话框，在其中单击"鼠标单击"选项卡，单击选中"超链接到"单选项，在下方的下拉列表框中选择"幻灯片…"选项，如图3-58所示。

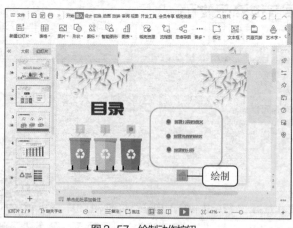
图3-57 绘制动作按钮

图3-58 设置链接到的幻灯片

（6）打开"超链接到幻灯片"对话框，在"幻灯片标题"列表框中选择"2.幻灯片2"选项，然后单击 确定 按钮，如图3-59所示，再在"动作设置"对话框中单击 确定 按钮，使超链接生效。

（7）使用相同的方法绘制"动作按钮：前进或前一项"动作按钮和"动作按钮：前进或下一项"动作按钮，并保持"动作设置"对话框中的默认设置。

（8）选择 3 个动作按钮，在"绘图工具"选项卡中设置动作按钮的填充颜色为"无填充颜色"，并统一动作按钮的高度和宽度，效果如图 3-60 所示。

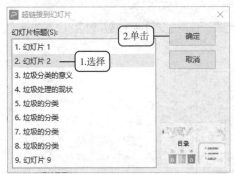

图 3-59　选择超链接到的幻灯片　　　　　　　　图 3-60　添加动作按钮的效果

> **提示**　在幻灯片母版中绘制动作按钮，并创建好超链接，该动作按钮将应用到该幻灯片版式对应的所有幻灯片中。

2. 放映幻灯片

制作演示文稿的最终目的是将其展示给观众，即放映演示文稿。在放映演示文稿的过程中，放映者需要掌握一些放映的方法，特别是定位到某个具体的幻灯片、返回上次查看的幻灯片、标记幻灯片的重要内容等，其具体操作如下。

微课

放映幻灯片

（1）在"放映"选项卡中单击"从头开始"按钮，进入幻灯片放映视图。

（2）此时演示文稿将从第 1 张幻灯片开始放映，单击或滚动鼠标滚轮可依次放映下一个动画效果或下一张幻灯片。

（3）将鼠标指针移动到"垃圾分类的意义"文本上，鼠标指针变为形状，如图 3-61 所示。

（4）单击可切换到超链接到的幻灯片，使用步骤（2）中的方法可继续放映其他幻灯片。

（5）在幻灯片空白处单击鼠标右键，在弹出的快捷菜单中选择"定位"/"以前查看过的"命令，如图 3-62 所示。

图 3-61　鼠标指针变为形状　　　　　　　　　图 3-62　选择"定位"/"以前查看过的"命令

> **提示**　单击"当页开始"按钮或在状态栏中单击"从当前幻灯片开始播放"按钮，可从当前幻灯片开始放映。播放过程中，在幻灯片上单击鼠标右键，在弹出的快捷菜单中选择相应的命令可快速定位到上一张、下一张或具体某张幻灯片。

（6）返回上一次查看的幻灯片，然后依次放映幻灯片，当放映到第 8 张幻灯片时，单击鼠标右键，在弹出的快捷菜单中选择"墨迹画笔"/"荧光笔"命令。然后再次单击鼠标右键，在弹出的快捷菜单中选择"墨迹画笔"/"墨迹颜色"/"黄色"命令，如图 3-63 所示。

（7）此时鼠标指针变成 形状，标记出重要的内容。放映完最后一张幻灯片后，将打开一个黑色页面，并提示"放映结束，单击鼠标退出。"，单击即可退出。

（8）由于前面在幻灯片中标记了内容，退出时将打开询问是否保留墨迹注释的提示对话框，单击 放弃(D) 按钮放弃保留添加的注释，如图 3-64 所示。

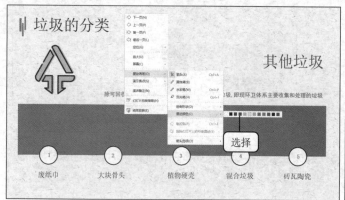

图 3-63　选择标记使用的颜色

图 3-64　选择是否保留墨迹注释

3. 隐藏幻灯片

放映幻灯片时，系统将自动按设置的放映方式依次放映每张幻灯片，但在实际放映"环保宣传"演示文稿的过程中，可以暂时隐藏不需要放映的幻灯片，等到需要时再将其显示出来，其具体操作如下。

微课

隐藏幻灯片

（1）在"幻灯片"窗格中选择第 6 张幻灯片缩略图，在"放映"选项卡中单击"隐藏幻灯片"按钮，隐藏该幻灯片，如图 3-65 所示。

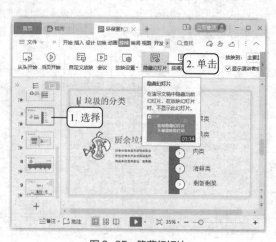

图 3-65　隐藏幻灯片

（2）隐藏了第 6 张幻灯片后，第 6 张幻灯片缩略图左上角将出现 标记。在"放映"选项卡中单击"从头开始"按钮，隐藏的幻灯片将不再放映。

> **提示** 放映幻灯片时，单击鼠标右键，在弹出的快捷菜单中选择"定位"/"幻灯片漫游"命令，在打开的"幻灯片漫游"对话框中选择已隐藏的幻灯片，可显示已隐藏的幻灯片。如果要取消隐藏幻灯片，则可再次单击"隐藏幻灯片"按钮 🐾。

4. 排练计时

微课

排练计时

若需要自动放映"环保宣传"演示文稿，则可以进行排练计时设置，使演示文稿根据排练的时间和顺序放映。下面为"环保宣传"演示文稿设置排练计时，其具体操作如下。

（1）在"放映"选项卡中单击"排练计时"按钮 🔖，进入放映排练状态，同时打开"预演"工具栏，如图 3-66 所示。

（2）一张幻灯片播放完毕后，单击可切换到下一张幻灯片，"预演"工具栏将重新开始为下一张幻灯片的放映计时。

（3）放映结束后，将打开提示对话框，询问是否保留新的幻灯片排练计时，单击 是(Y) 按钮进行保存，如图 3-67 所示。

图 3-66 "录制"工具栏

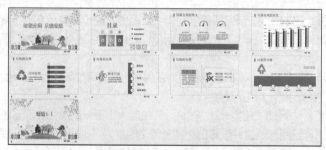

图 3-67 是否保留排练时间

（4）切换到幻灯片浏览视图模式，每张幻灯片的右下角将显示其放映时间，如图 3-68 所示。

图 3-68 显示放映时间

> **提示** 如果不想根据排练好的时间自动放映幻灯片，则可在"放映"选项卡单击"放映设置"按钮 ⚙，在打开的"设置放映方式"对话框中单击选中"手动"单选项，以便在放映幻灯片时进行手动切换。

5. 打印与打包演示文稿

微课

打印与打包演示
文稿

演示文稿不仅可以现场演示，还可以打印在纸张上，作为演讲稿或演讲提示等。此外，若需要在其他计算机上放映演示文稿，则可对演示文稿进行打包操作。下面对"环保宣传"演示文稿进行打印与打包设置，其具体操作如下。

（1）在快速访问工具栏中单击"打印"按钮 🖶，打开"打印"对话框，在"打印份数"数值框中输入"1"，即打印 1 份。

（2）在"打印机"栏的"名称"下拉列表框中选择与计算机相连的打印机，在"打印范围"栏中选择打印的范围，在"打印内容"下拉列表框中选择打印的内容（如"幻灯片""讲义""备注页""大纲视图"），在"颜色"下拉列表框中选择打印的颜色（如"纯黑白"），然后单击 确定 按钮开始打印幻灯片，如图 3-69 所示。

（3）打印完成后，单击"文件"选项卡，在打开的下拉列表框中选择"文件打包"/"将演示文档打包成文件夹"选项，打开"演示文件打包"对话框，在"文件夹名称"文本框中输入"环保宣传"文本，单价 浏览(B)... 按钮选择打包文件的保存位置，然后单击 确定 按钮，如图 3-70 所示。

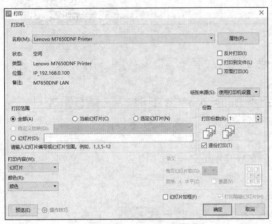

图 3-69　打印演示文稿　　　　　　　　　图 3-70　打包演示文稿

综合实践

1. 新建一个空白演示文稿，按照下列要求制作"公司形象宣传"演示文稿（素材\项目三\公司形象宣传），参考效果如图 3-71 所示（效果\项目三\公司形象宣传.dps）。

微课

制作"公司形象宣传"演示文稿的方法

（1）新建空白演示文稿，以"公司形象宣传"为名保存，设置背景颜色为"白色，背景 1，深色 5%"，并应用到所有幻灯片中。

（2）在第 1 张幻灯片中添加"背景.jpg"图片，并绘制大小不一的黑色、深蓝色的圆形和白色的圆形。调整图形位置并设置白色圆形的透明度为"40%"。接着在底部绘制颜色与背景色一致的矩形，然后输入文本，并设置文本字体为"思源黑体 CN Light"，然后根据需要调整字号。在文本下方绘制一条深蓝色直线。

（3）新建第 2 张幻灯片，在幻灯片左上角绘制深蓝色的半圆和黑色的圆形，并在半圆中输入数字，然后在下方添加"地产.jpg"图片，并裁剪为圆形，为其应用"透视：靠下"的阴影效果，接着调整图片的大小和位置，并在图片右侧绘制"白色，背景 1，深色 35%"颜色的线条，然后继续绘制深蓝色的圆角矩形，并在幻灯片中插入文本框并输入文本。

（4）复制第 2 张幻灯片左上角的形状和文本，新建第 3 张幻灯片，粘贴复制的内容，并修改文本，然后在左侧插入"钢铁.jpg"图片，在右侧绘制矩形并添加"图标 1.png"和"图标 2.png"图片，接着在幻灯片中插入文本框并输入文本。

（5）使用相同的方法制作第 4、5、6 张幻灯片，依次在其中添加"石化.jpg""交通.jpg"和"结束.png"图片，绘制合适的形状，插入文本框并添加文本。

（6）为第 1 张和第 6 张幻灯片添加"线条"切换效果，并设置速度为"01.40"，然后为第 2～5 张幻灯片添加"棋盘"切换效果，并设置速度为"00.50"。

（7）为第4张幻灯片底部的文本框添加"飞入"动画效果，为第5张幻灯片左侧的文本框添加"出现"动画效果，并设置第一个文本框的动画开始时间为"在上一动画之后"，第二个文本框的动画开始时间为"单击时"，然后从头开始放映演示文稿，并为其设置排练计时。

图3-71 "公司形象宣传"演示文稿效果

2. 打开"风险管理培训总结. dps"演示文稿（素材\项目三\风险管理培训总结），按照下列要求进行操作，参考效果如图3-72所示（效果\项目三\风险管理培训总结. dps）。

微课

制作"风险管理培训总结"演示文稿的方法

（1）打开"风险管理培训总结. dps"演示文稿，进入幻灯片母版视图，依次设置封面页、三项目录页、两项目录页、副标题页、内容页_1、内容页_2、空白页的幻灯片母版样式。

（2）在幻灯片中应用母版样式，添加形状、文本、图片等，以美化演示文稿。

（3）为第1张和第9张幻灯片添加"分割"切换效果，为其他幻灯片添加"形状"切换效果。

（4）为第2张幻灯片中的"Part 1""培训介绍"文本设置超链接，并都链接到第3张幻灯片，然后使用相同的方法为"Part 2""培训结果"文本设置超链接，并都链接到第6张幻灯片。

（5）打印3份演示文稿，并对其进行打包设置。

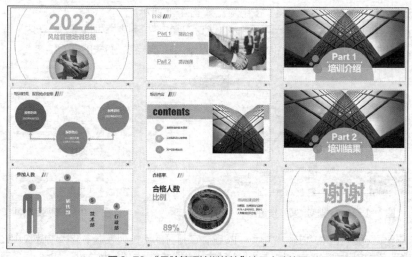

图3-72 "风险管理培训总结"演示文稿效果

项目四
信息检索

04

////// 实验一 使用百度搜索十大励志人物

（一）实验目的

- 掌握百度的基本使用方法。
- 掌握百度的高级查询方法。
- 掌握使用搜索指令搜索信息的方法。
- 了解励志人物的优秀事迹，提升自己的学习能力与知识素养。

（二）实验内容

1. 百度的基本使用方法

使用搜索引擎搜索信息是人们获取信息的常用途径之一。目前的搜索引擎较多且使用方法类似，下面以百度为例，搜索"十大励志人物"的相关信息，了解并学习先进人物的优良品质，加强自身思想道德建设，提高道德水准和文明素养，争做文明先锋，其具体操作如下。

微课

百度的基本使用
方法

（1）启动浏览器，在地址栏中输入百度的网址后，按"Enter"键进入百度首页，然后在中间的搜索框中输入要查询的关键词"十大励志人物"，再按"Enter"键或单击 [百度一下] 按钮进入搜索结果页面。

（2）单击搜索框下方的"搜索工具"按钮 ▽，如图 4-1 所示。

（3）显示"搜索工具"栏，单击 [时间不限] 按钮，在打开的下拉列表框中选择"一年内"选项，然后单击 [确认] 按钮，如图 4-2 所示，此时将得到一年内与"十大励志人物"有关的搜索结果。

图 4-1 单击"搜索工具"按钮

图 4-2 限制搜索时间

（4）在"搜索工具"栏中单击 [所有网页和文件▾] 按钮，在打开的下拉列表框中选择"微软 Word(.doc)"选项，此时，网页中将只显示搜索到的与"十大励志人物"有关的 Word 文件，如图 4-3 所示。

图 4-3 设置检索文件的类型并显示结果

提示 在搜索工具中单击 站点内检索▾ 按钮，在打开的搜索框中可以输入其他网址，单击 确认 按钮，可在打开的页面中查看搜索结果。

2. 百度的高级查询方法

微课

百度的高级查询
方法

在搜索"十大励志人物"时，可以对包含完整关键词、包含任意关键词或不包含某些关键词的情况进行搜索，从而获得更加符合要求的搜索结果，其具体操作如下。

（1）将鼠标指针移至百度搜索结果页面右上角的"设置"超链接上，在打开的下拉列表框中选择"高级搜索"选项。

（2）打开"高级搜索"对话框，在"搜索结果"栏的"包含全部关键词"文本框中输入"十大 励志 人物"文本，要求搜索结果中要同时包含"十大""励志""人物"3 个关键词；在"包含完整关键词"文本框中输入"励志人物"文本，要求搜索结果中要包含"励志人物"这一完整关键词，使其不被拆分；在"包含任意关键词"文本框中输入"2021 励志人物"文本，要求搜索结果中要包含"2021"或者"励志人物"关键词；在"不包括关键词"文本框中输入"经典 传记 颁奖"文本，要求搜索结果中不包含"经典""传记""颁奖"关键词。

（3）在"关键词位置"栏单击选中"仅标题中"单选项，最后单击 高级搜索 按钮进行搜索，如图 4-4 所示。搜索结果如图 4-5 所示。

图 4-4 设置搜索参数

图 4-5 搜索结果

3. 使用搜索指令搜索信息

微课

使用搜索指令
搜索内容

搜索引擎中收录的内容较多，用户可使用搜索指令进行精确搜索。下面使用 inurl 指令和 intitle 指令搜索"十大励志人物"的相关信息，其具体操作如下。

（1）在百度首页的搜索框中输入"inurl:励志"文本，按"Enter"键得到搜索结果，可以看到每个搜索结果的标题中都包含"励志"文本，如图 4-6 所示。

（2）删除搜索框中的文本，输入"inurl:励志 十大人物"文本，按"Enter"键得到搜索结果，可以看到每个搜索结果的标题中都包含"励志"文本，并且部分搜索结果的正文介绍中还包含"十大人物"文本，如图 4-7 所示。

图 4-6　输入"inurl:励志"文本后的搜索结果　　　　图 4-7　输入"inurl:励志 十大人物"文本后的搜索结果

（3）删除搜索框中的文本，输入"intitle:"当今十大励志人物""文本，按"Enter"键得到搜索结果，可以看到搜索结果的标题中包含"当今十大励志人物"文本，如图 4-8 所示。

图 4-8　输入"intitle: "当今十大励志人物""文本后的搜索结果

实验二　在专用平台中搜索 5G

（一）实验目的

- 了解信息搜索的专用平台。
- 掌握在学术类网站中搜索信息的方法。
- 掌握在专利信息搜索网站中搜索信息的方法。
- 了解 5G 的相关信息，培养自己的科学素养和专利保护意识。

（二）实验内容

5G 是第五代移动通信技术的简称，是目前的领先技术之一，能够体现一个国家的竞争力和生产力。搜索 5G 的相关信息可以了解我国目前 5G 的相关情况，便于读者培养自己的科学素养和专利保护意识。下面在百度学术网站中搜索 5G，了解 5G 的相关内容，以及在万方数据知识服务平台中搜索 5G，了解有关 5G 专利的信息，其具体操作如下。

微课

在专用平台中
搜索 5G

（1）打开百度学术网站首页，在搜索框中输入要搜索的关键词"5G"，然后单击 百度一下 按钮。

（2）在搜索结果页面中可以看到论文的标题、简介、作者、被引量、来源等信息。

（3）在页面左侧"时间"栏中选择"2020年以来"选项，在"领域"栏中选择"信息与通信工程"选项，可以查看2020年至今5G在信息与通信工程领域中应用的有关论文的搜索结果，如图4-9所示。

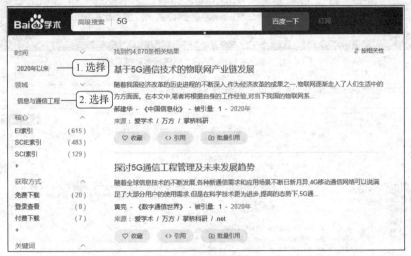

图4-9　通过百度学术网站搜索有关5G的论文

（4）单击搜索结果中的第一篇论文的标题，在打开的页面中可以查看更详细的论文信息，如图4-10所示。

图4-10　查看论文详细信息

（5）单击页面中的 〈〉引用 按钮，在打开的"引用"对话框中将生成多种标准的引用格式，如图4-11所示。

图4-11　"引用"对话框

（6）打开万方数据知识服务平台网站首页，单击网页上方的"专利"超链接，然后在搜索框中输入关键词"5G"，单击 Q 检索 按钮，如图4-12所示。

图 4-12　输入关键词"5G"后进行专利信息检索

（7）在打开的检索结果页面中可以看到每条专利的名称、专利人、摘要等信息，如图 4-13 所示。

图 4-13　查看检索结果

（8）在页面左侧的"专利分类""专利类型""国家/组织""公开/公告年份""法律状态""专利权人""发明人"栏中可选择对应选项进行筛选，这里选择"发明专利"选项和"2021"选项，结果如图 4-14 所示。

图 4-14　设置筛选条件后的结果

（9）单击第一条检索结果，在打开的页面中可以看到更详细的专利信息，如图 4-15 所示。如果需要查看该专利的完整内容（需要注册和登录），则可以单击标题下方的 下载 按钮、 在线阅读 按钮、 导出 按钮。

图 4-15　查看检索结果的详细内容

提示　万方数据知识服务平台不仅可用于搜索专利信息，还可用于搜索期刊、科技报告、成果、标准、法规等信息，在万方数据知识服务平台网站首页单击对应的超链接即可进行对应的搜索。

实验三　在中国商标网中查询与"海尔"类似的商标

（一）实验目的

- 了解商标的相关信息。
- 掌握在专业网站中查询商标的方法。
- 提升商标保护意识。

（二）实验内容

注册者对成功注册的商标享有专用权，个人或企业若未经允许使用了他人注册的商标，易引发商标纠纷，带来经济或名誉上的损失。对个人和企业来说，商标保护意识非常重要，商标保护意识可以增强个人和企业对商标价值和作用的认识，使个人和企业养成商标保护的观念。因此，个人和企业有必要掌握在商标专业网站中查询商标信息的方法。下面在国家知识产权局商标局的官方网站中国商标网中查询与"海尔"类似的商标，其具体操作如下。

（1）打开中国商标网网站首页，单击网页中间的"商标网上查询"超链接，如图 4-16 所示。

微课

在中国商标网中
查询与"海尔"
类似的商标

图 4-16　单击"商标网上查询"超链接

（2）进入商标查询页面后单击 我接受 按钮，打开商标网上检索系统页面，然后单击页面左侧的"商标近似查询"按钮，如图 4-17 所示。

图 4-17　单击"商标近似查询"按钮

（3）打开"商标近似查询"页面，单击"选择查询"选项卡，在打开的页面中设置要查询商标的"国际分类"为"12"，"查询方式"为"汉字"，"查询类型"为"任意位置加汉字"，"商标名称"为"海尔"，然后单击 查询 按钮，如图 4-18 所示。

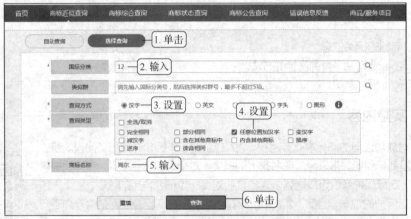

图 4-18　设置"选择查询"参数

（4）打开商标检索结果页面，在该页面中可以看到每个商标的"申请/注册号""申请日期""商标名称""申请人名称"等信息，如图 4-19 所示。单击任意商标名称即可在打开的页面中看到有关该商标的详细信息。

图 4-19　查看商标检索结果

（5）返回"商标近似查询"页面，单击"商标综合查询"选项卡，在打开页面的"国际分类"文本框中输入"12"，在"商标名称"文本框中输入"海尔"，在"申请人名称（中文）"文本框中输入"青岛海商智财管理咨询有限公司"，然后单击 查询 按钮，如图4-20所示。

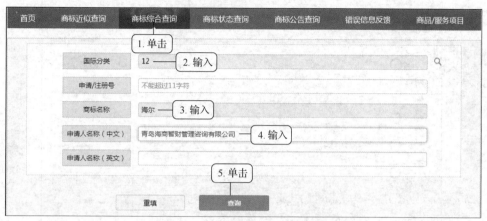

图4-20　设置商标综合查询条件

（6）打开商标检索结果页面，在其中可看到指定国际分类和申请人名称后的商标信息，如图 4-21 所示。

序号	申请/注册号	国际分类	申请日期	商标名称	申请人名称
1	54802251	12	2021年03月30日	海尔	青岛海商智财管理咨询有限公司
2	54003472	12	2021年03月03日	海尔臻选	青岛海商智财管理咨询有限公司
3	51122152	12	2020年11月09日	海尔血技	青岛海商智财管理咨询有限公司
4	36284927	12	2019年02月01日	海尔卡奥斯	青岛海商智财管理咨询有限公司
5	32614553	12	2018年08月01日	海尔智慧家庭	青岛海商智财管理咨询有限公司
6	7904050	12	2009年12月10日	海尔兄弟	青岛海商智财管理咨询有限公司
7	4534787	12	2005年03月11日	海尔	青岛海商智财管理咨询有限公司
8	1042845	12	1996年04月23日	海尔	青岛海商智财管理咨询有限公司
9	858494	12	1994年09月12日	海尔	青岛海商智财管理咨询有限公司
10	794686	12	1994年03月02日	海尔	青岛海商智财管理咨询有限公司

检索到10件商标　　仅供参考，不具有法律效力

图4-21　商标综合查询结果

（7）返回"商标综合查询"页面，单击"商标状态查询"选项卡，在打开页面的"申请/注册号"文本框中输入"7904050"，然后单击 查询 按钮进行查询，如图4-22所示。

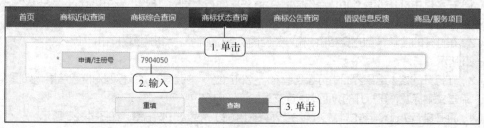

图4-22　设置商标状态查询条件

（8）打开商标检索结果页面，单击申请/注册号或商标名称，在打开的页面中查看商标的流程状态，如图4-23所示。

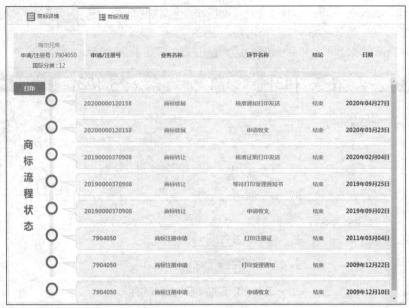

图4-23 商标流程状态

实验四 利用社交软件搜索有关乡村旅游的信息

（一）实验目的

- 了解常见的社交媒体平台。
- 掌握利用社交软件搜索信息的方法。
- 加强对农村的了解，感受乡村振兴带来的变化。

（二）实验内容

社交媒体平台是人们用来分享意见、见解、经验和观点的平台，人们可以通过社交媒体平台实时了解热门事件，获取最新消息。下面在微信 App 中搜索乡村旅游的相关文章，在抖音 App 中搜索乡村旅游的相关视频，了解乡村旅游的引领带动作用，充分把握乡村振兴进程，其具体操作如下。

微课

在社交媒体中
搜索乡村旅游

（1）在手机中打开微信App，点击微信 App 主界面右上角的"搜索"按钮 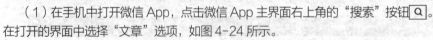，
在打开的界面中选择"文章"选项，如图4-24所示。

（2）在打开的搜索界面的搜索框中输入关键词"乡村旅游"，点击 搜索 按钮，如
图4-25所示。

（3）在打开的搜索结果界面中可看到包含"乡村旅游"关键词的文章标题的搜索结果，如图 4-26
所示。点击文章标题，在打开的界面中阅读文章的详细内容。

（4）打开抖音App，点击抖音 App 主界面右上角的"搜索"按钮 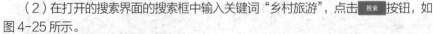，如图 4-27所示。

（5）在打开的搜索界面中输入关键词"乡村旅游"，点击界面右下角的 搜索 按钮，如图4-28所示。

（6）在打开的搜索结果界面中选择"视频"选项，查看与乡村旅游相关的视频，如图 4-29 所示。
点击视频封面，打开视频观看视频内容。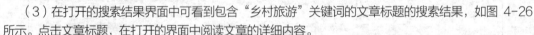

图 4-24　设置搜索类型

图 4-25　输入关键词（1）

图 4-26　查看搜索结果（1）

图 4-27　点击"搜索"按钮

图 4-28　输入关键词（2）

图 4-29　查看搜索结果（2）

综合实践

1. 按下列要求，在 360 搜索引擎中搜索与"春节"相关的信息。

（1）搜索关键词"春节"，并在高级搜索中设置搜索时间为"1 年内"，文档格式为"微软 Word（.doc）"。

（2）使用 intitle 指令搜索关于"春节的来历"的信息。

2. 按下列要求，在专业信息检索平台中搜索与"大数据"相关的信息。

（1）在百度学术网站中搜索关键词"大数据"，并设置时间为"2021 年以来"，领域为"计算机科学与技术"，获取方式为"免费下载"。

（2）在万方数据知识服务平台中搜索与"大数据"相关的期刊，设置年份为"2021"，学科分类为"工业技术"。然后在"专利"板块中查看"大数据"的相关专利信息，设置专利分类为"人类生活必需"，专利类型为"实用新型"。

（3）在中国商标网中单击"商标近似查询"选项卡，以"选择查询"的方式搜索"国际分类"为"43"、"查询方式"为"汉字"、"商标名称"为"大数据"的商标信息。

3. 按下列要求，在社交媒体平台中搜索与"北京大兴国际机场"相关的信息。

（1）在微博 App 中搜索包含"北京大兴国际机场"的信息。

（2）在微信 App 中搜索包含"北京大兴国际机场"的文章。

（3）在抖音 App 中搜索包含"北京大兴国际机场"的视频。

项目五
新一代信息技术概述

05

实验一　在电商平台购买《三国演义》

（一）实验目的

- 了解常用的电商平台。
- 掌握在电商平台购物的基本方法。
- 切身感受信息技术发展对人们生活的影响。

（二）实验内容

微课

在电商平台购买
《三国演义》

在电商平台购物是目前主流的购物方式之一，其中，淘宝网、京东商城、当当网等都是较有影响力和用户数量众多的电商平台。下面通过介绍如何在当当网中购买人文社科图书《三国演义》，带领读者切身感受电商发展给人们带来的影响，帮助读者掌握在电商平台购物的基本方法，其具体操作如下。

（1）打开当当网首页，单击页面上方的"登录"超链接，如图5-1所示。

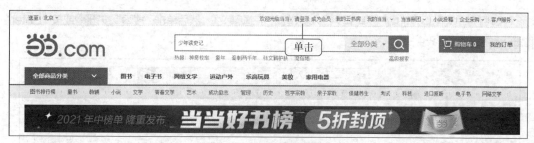

图5-1　单击"登录"超链接

（2）打开登录页面，输入当当网的账号和密码，在下方单击验证图片使其旋转至正确方向，然后单击选中"请勿在公用电脑上勾选此选项"复选框，单击 ▢　登录　▢ 按钮进行登录，如图 5-2所示。

> **提示**　若没有当当网的账号，可单击 ▢　登录　▢ 按钮右下方的"立即注册"超链接，在打开的页面中注册账号。

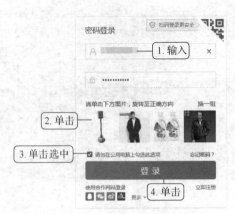

图 5-2　登录当当网

（3）登录成功后将自动返回当当网首页，将鼠标指针移至"全部商品分类"下方的"图书、童书"选项上，在打开的列表框中单击"人文社科"栏中的"文化"超链接，如图 5-3 所示。

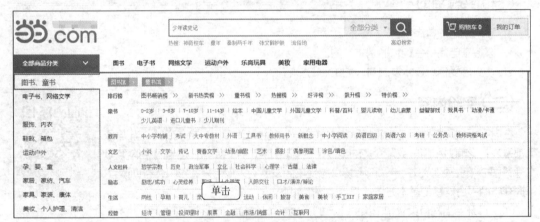

图 5-3　单击"文化"超链接

（4）打开"文化"页面，在搜索框中输入关键词"三国演义"，然后单击"搜索"按钮 或按"Enter"键进行搜索，如图 5-4 所示。

图 5-4　搜索"三国演义"

（5）打开搜索结果页面，保持"全部商品"栏处于默认状态，然后在"配送至"下拉列表框中选择"四川"选项，单击选中"只看有货"复选框，系统将根据筛选条件重新显示搜索结果，如图 5-5 所示。

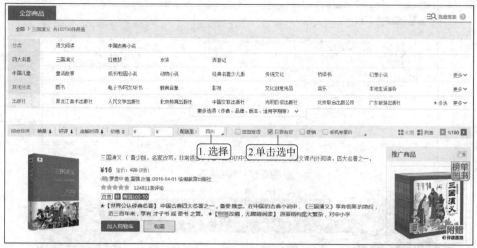

图 5-5　筛选搜索结果

（6）单击需要购买的图书封面，打开商品详情页面，在该页面中可以浏览商品的详细信息，确认信息符合自己的购买需求后单击 🛒加入购物车 按钮，如图 5-6 所示。

图 5-6　加入购物车

（7）打开"成功加入购物车"页面，在该页面中可看到"商品已成功添加至购物车！"的提示信息，然后单击 去购物车结算 按钮。

（8）打开"购物车"页面，单击选中需购买的商品前的复选框，然后单击 结　算 按钮，如图 5-7 所示。

> **提示**　在搜索结果页面中单击 加入购物车 按钮，可以直接将商品添加至购物车，并打开"成功加入购物车"页面，在该页面中单击 继续购物 按钮还可继续购物。购物完成后可以在搜索文本框的右侧单击 🛒购物车 按钮，进入"购物车"页面进行结算。

（9）打开"订单结算"页面，单击 新增收货地址 ＋ 按钮，打开"新增收货地址"对话框，在"收货人""手机号码""所在地区""详细地址"文本框中输入对应的信息，然后单击 确认新增收货地址 按钮添加收货地址，如图 5-8 所示。

图 5-7　商品结算

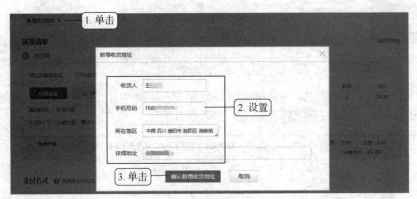

图 5-8　新增收货地址

（10）返回"订单结算"页面，在"配送时间"下拉列表框中选择"只工作日送货"选项，在"支付方式"栏中选择"网上支付"选项，然后单击 **去支付** 按钮，如图 5-9 所示。打开"支付"页面，按照提示输入支付密码即可完成支付。

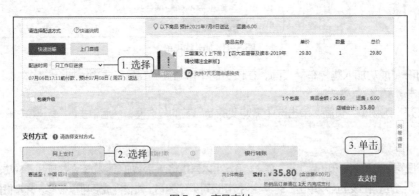

图 5-9　商品支付

> **提示** 目前，各大电商平台都开发了手机 App，用户可以下载对应的手机 App，使用手机购物，其方法与在计算机中通过电商平台购物的方法相同。

实验二 在线上超市购买日用品

（一）实验目的

- 了解智慧零售在线上超市的应用。
- 掌握在线上超市购买日用品的方法。
- 感受智慧零售发展给人们日常生活带来的便利。

（二）实验内容

随着智慧零售的兴起，传统的线下超市延伸出了线上超市。线上超市又叫网络超市，是基于互联网的在线销售平台，是一种线上订购、线下配送的商业运营模式，使人足不出户就能购买到与线下超市相同的商品，给人们的日常生活带来了很大的便利。线上超市平台很多，包括天猫超市、京东超市等电商企业开办的线上超市，外卖平台中的线上超市，新零售超市等。下面在外卖平台中的线上超市购买日用品，其具体操作如下。

微课

在线上超市购买
日用品

（1）在手机中下载并安装饿了么 App，注册并登录账号后在 App 首页点击"超市便利"图标 🛒，如图 5-10 所示。

（2）打开"超市便利"界面，点击"超市"图标 🏪，如图 5-11 所示。

（3）打开"超市"界面，系统将根据手机定位自动为用户推荐所在地附近的线上超市，点击超市名称进入线上超市，如图 5-12 所示。

图 5-10　点击"超市便利"图标

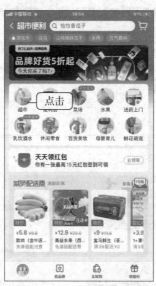

图 5-11　点击"超市"图标

图 5-12　点击超市名称

（4）在线上超市对应界面中点击"全部商品"选项卡，再点击界面左侧的"居家清洁"选项卡，在打开的界面中可查看该分类下的所有商品，点击界面上方的"面巾/抽纸"选项，在打开的界面中可浏览该选项下的所有商品，如图 5-13 所示。

（5）选项界面中的"优惠"选项，可使商品按照优惠力度从强到弱进行排序，点击商品右侧的"加入购物车"图标 ⊕，可将该商品加入购物车，如图 5-14 所示。

（6）使用相同的方法将其他商品加入购物车，直至达到起送价后，界面底部的结算按钮将被激活，点击 按钮进行结算，如图 5-15 所示。

 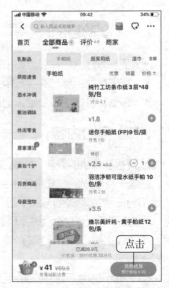

图 5-13　浏览商品　　　　　图 5-14　将商品加入购物车　　　　　图 5-15　商品结算

（7）打开"确认订单"界面，在其中选择配送地址、配送时间和支付方式后，点击界面底部的 按钮，打开支付界面输入支付密码完成在线上超市购买日用品的操作。

> **提示**　在线上超市购买商品需满足超市设置的最低起送价，否则可能收取额外的配送费用。

实验三　使用共享单车

（一）实验目的

- 了解共享单车的实现原理。
- 掌握共享单车的操作方法。
- 了解物联网的应用领域。
- 体验物联网发展给传统行业带来的改变。

（二）实验内容

物联网的广泛应用带动了传统行业的发展与变革，共享单车就是物联网的一项典型应用。单车本身不具备感知系统，但通过开发智能车锁，在智能车锁中应用定位系统、二维码等技术，并与智能手机中的 App 联通，App 获得反馈结果后再传递给智能车锁，便实现了单车的共享使用。共享单车需要结合手机 App 进行操作，目前，美团单车、青桔单车、哈啰出行和永安行是共享单车市场中较为主流的品牌。下面使用美团单车进行讲解，其具体操作如下。

（1）在手机上下载并安装美团 App，注册并登录账号后，点击 App 首页的"骑车"图标，如图 5-16 所示。

（2）进入单车界面，点击界面底部的 ⊞ 扫码用车 按钮，如图 5-17 所示。

（3）打开扫码界面，移动手机使扫描框对准单车智能车锁上的二维码，扫描二维码，如图 5-18 所示。也可在扫码界面中点击"输入车辆编号"图标 🔲，在打开的界面中输入该单车车头上的编号。

图 5-16　点击"骑车"图标

图 5-17　点击"扫码用车"按钮

图 5-18　扫描二维码

（4）打开确认开锁界面，点击 确认开锁 按钮，如图 5-19 所示。车锁打开后即可骑行，骑行结束后关闭车锁，此时手机将收到骑行结束的通知信息。进入美团 App 中的"单车行程"界面，点击界面下方的 去支付 按钮支付本次骑行的费用，如图 5-20 所示。

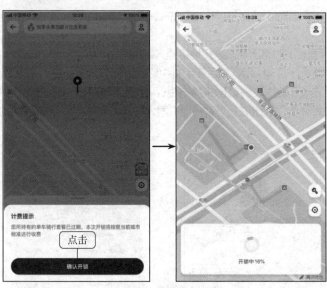

图 5-19　确认开锁

图 5-20　支付费用

> **提示**　用户还可以购买单车骑行套餐，以在套餐使用日期内获得一定的骑行优惠。其方法是：在共享单车 App 的扫码用车界面右上角点击用户头像图标 👤，在打开的界面中点击套餐上的 去购买 按钮，再在打开的界面中选择单车套餐并进行购买。

实验四 操作扫地机器人

（一）实验目的

- 了解人工智能技术。
- 了解人工智能的应用给人们日常生活带来的便利。
- 掌握扫地机器人的操作方法。

（二）实验内容

扫地机器人是人工智能在家居行业的实践与应用。扫地机器人是一种通过人工智能技术自动完成清扫、吸尘、擦地等工作的智能家用电器。使用扫地机器人，我们可以更好地理解人工智能在日常生活中的应用，深切感受信息技术的发展。下面以米家扫地机器人为例，介绍扫地机器人的操作方法。

1. 连接扫地机器人

使用扫地机器人前需要先关联扫地机器人与智能控制端口（即手机 App）。本实验要操作的米家扫地机器人需要用户在手机中下载并安装米家 App，然后进行连接操作，其具体操作如下。

（1）按下米家扫地机器人机身上的电源键进行开机，听到开机音乐后，表示扫地机器人开机成功。打开米家扫地机器人的上盖，当米家扫地机器人的指示灯处于蓝灯闪烁状态时，表示米家扫地机器人处于待连接状态。

（2）手机连接 Wi-Fi 后，打开米家 App 并注册、登录账号，登录成功后在米家 App 界面右上角点击"添加设备"按钮➕。打开"添加米家扫地机器人"界面，点击选中"蓝灯闪烁中"单选项，再点击"下一步"按钮，如图 5-21 所示。

（3）在打开的"选择设备工作 Wi-Fi"界面中选择与手机相同的 Wi-Fi，输入密码后点击"下一步"按钮，如图 5-22 所示。

（4）切换到"无线局域网"设置界面，此时将出现米家扫地机器人网络（以 rockrobo-vacuum 开头），选择该网络并将其连接到手机，如图 5-23 所示。然后在手机中切换到米家 App，此时米家 App会提示用户修改备注名，修改完成后点击"开始体验"按钮，等待米家 App 下载米家扫地机器人的插件，再点击"下一步"按钮，最后点击"立即体验"按钮进入米家扫地机器人主界面，再点击"同意并继续"按钮完成 Wi-Fi 连接。

图 5-21　准备连接扫地机器人

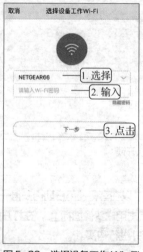

图 5-22　选择设备工作 Wi-Fi

图 5-23　选择米家扫地机器人网络

2. 操作扫地机器人

成功连接扫地机器人后，短按扫地机器人机身上的启动键，扫地机器人将进入自动清扫模式，此时扫地机器人会自动开始清扫，清扫完成后自动在 App 中生成房屋地图。此时用户才能使用米家 App 操控扫地机器人，如使用手机远程操控扫地机器人清扫房屋、预约清扫等，其具体操作如下。

（1）打开米家 App，在 App 主界面中可看到已经连接的米家扫地机器人图标，点击米家扫地机器人图标，如图 5-24 所示。

（2）进入米家扫地机器人的操作界面，在该界面中可看到扫地机器人当前的状态，选择"模式"选项，设置清扫模式，如图 5-25 所示。

（3）在"模式"栏中点击"扫拖"按钮，并点击"标准"按钮，在"水量"栏中点击"2 挡"按钮，点击"开始"图标 开始清扫，如图 5-26 所示。

图 5-24　选择扫地机器人

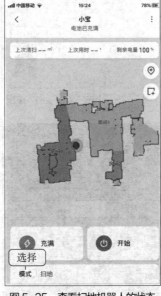
图 5-25　查看扫地机器人的状态

图 5-26　设置清扫模式并开始清扫

（4）点击米家扫地机器人操作界面右上角的"设置"按钮 。打开"设置"界面，选择界面中的"预约清扫"选项，如图 5-27 所示。

（5）打开"预约清扫"界面，点击界面右下角的"添加预约"按钮 ，如图 5-28 所示。

（6）在打开的界面中选择"重复"选项。打开"自定义重复"界面，点击选中对应的单选项，然后点击"确定"按钮确认设置，如图 5-29 所示。

提示　在"设置"界面中选择"清扫记录"选项，在打开的界面中可查看执行过的清扫记录。

（7）返回"预约清扫"界面，选择"清扫时间"选项，打开"预约时间"界面，滑动即可设置清扫时间，如设置为"18 时 30 分"，然后点击"确定"按钮，如图 5-30 所示。

（8）返回"预约清扫"界面，选择"预约模式"选项，打开"选择预约任务"界面，选择"单拖"选项，设置预约清扫的模式，如图 5-31 所示。

（9）返回"预约清扫"界面，选择"水量"选项，打开"选择水量大小"界面，然后选择"2 挡"选项，设置拖地的水量，如图 5-32 所示。

图 5-27　选择"预约清扫"选项

图 5-28　点击"添加预约"按钮

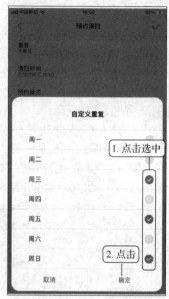

图 5-29　自定义重复日期

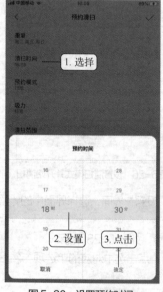

图 5-30　设置预约时间

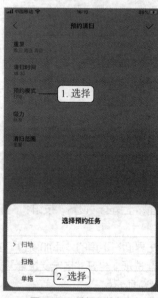

图 5-31　选择预约任务

图 5-32　选择水量大小

 提示　选择的预约模式不同，其后的设置选项也不同，如扫地模式需要设置吸力，单拖模式需要设置水量，扫拖模式则需要同时设置吸力和水量。

（10）返回"预约清扫"界面，选择"清扫范围"选项。在打开的界面中点击选中"房间 1"单选项，然后点击"确定"按钮，如图 5-33 所示。

（11）返回"预约清扫"界面，点击界面右上角的"√"按钮，确认添加预约清扫任务，如图 5-34 所示。此时可在打开的"预约清扫"界面中看到添加的预约记录，如图 5-35 所示。

图 5-33 设置清扫区域

图 5-34 确认添加预约清扫任务

图 5-35 查看预约清扫记录

（12）点击"＜"按钮，返回"设置"界面。选择"单拖和扫拖模式"选项，打开"选择单拖和扫拖模式"界面，选择"Y 形模式"选项，如图 5-36 所示。

（13）返回"设置"界面，选择"虚拟墙/禁区"选项。打开"虚拟墙/禁区"界面，点击"添加虚拟墙"按钮，地图上将出现一条红色的线，使用手指拖动该线条，调整其位置和大小，以设置虚拟墙的位置，如图 5-37 所示。

（14）点击"添加禁区"按钮，地图上将出现一块红色的区域，使用手指拖动该区域的位置，并调整其大小。再次点击"添加禁区"按钮，可再添加一块红色的区域，设置完成后点击界面右上角的"√"按钮，如图 5-38 所示。

（15）返回"设置"界面，点击界面左上角的 ← 按钮，完成米家扫地机器人的设置。

图 5-36 选择 Y 形模式

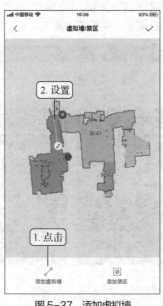

图 5-37 添加虚拟墙

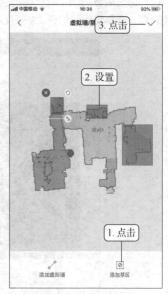

图 5-38 添加禁区

提示 虚拟墙即虚拟的墙壁，设置虚拟墙后扫地机器人在清扫过程中会自动绕开。禁区即禁止清扫的区域，设置禁区后扫地机器人在清扫过程中不会进入该区域。

 提示 在"设置"界面中选择"免打扰"选项，打开"免打扰设置"界面，可开启或关闭免打扰功能。若开启免打扰功能，则可设置免打扰的开始时间和结束时间，设置完成后，在该时间段内，扫地机器人将不再执行清扫操作。

实验五 畅游数字敦煌

（一）实验目的

- 了解虚拟现实、增强现实和交互现实等技术。
- 掌握虚拟现实、增强现实和交互现实等技术的应用。
- 了解传统文化，增强文化保护和文化教育意识。

（二）实验内容

数字敦煌是一项结合了测绘遥感、虚拟现实、增强现实和交互现实等技术的虚拟工程。该虚拟工程将莫高窟的外形、洞内雕塑等，以毫米的精度虚拟在网络空间里，突破了时间和空间限制，满足了人们对敦煌文化的欣赏、研究需求。世界各地的人们可以在数字敦煌网中游览敦煌的景观，欣赏敦煌的文化艺术，了解我国的传统文化。下面在数字敦煌网中游览数字敦煌，其具体操作如下。

微课

畅游数字敦煌

（1）打开数字敦煌网，单击网页右上角的"洞窟"选项卡，跳转到"经典洞窟"栏目，该栏目中列出了敦煌莫高窟的部分经典洞窟，并对洞窟做了简单介绍。单击想要查看的洞窟封面或简介，查看其具体信息，如图5-39所示。这里单击第254窟的洞窟封面。

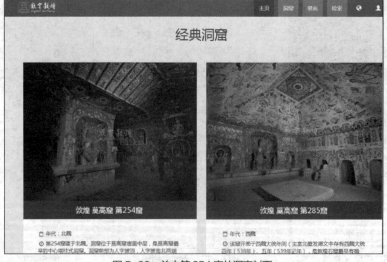

图5-39 单击第254窟的洞窟封面

（2）打开莫高窟第 254 窟网页，在"洞窟信息"栏中可查看该洞窟的洞窟号、时代、洞窟形制、遗址名称、所在地、数据创建、创建时间等信息；在"内容导航"栏中单击想要查看的洞窟位置，可在打开的对话框中查看洞窟各位置的壁画，登录账号后可查看高清壁画，如图 5-40 所示。

图 5-40　查看洞窟的详细信息

（3）在莫高窟第 254 窟网页下方的"第 254 窟全景漫游"栏中单击田按钮，将显示洞窟细节的缩略图，单击缩略图可快速查看该洞窟中的其他景观，如图 5-41 所示。单击◀、▶、▲或▼按钮，向左、右、上、下方向旋转洞窟，便于全方位查看洞窟；单击➕或➖按钮可放大或缩小图片；单击 VR 按钮可进入全屏虚拟现实（Virtul Reality，VR）模式，可通过操纵鼠标以第一视角来查看洞窟全景。

图 5-41　全景漫游

（4）在网页底部的"洞窟列表"栏中还可单击想要查看的其他洞窟的编号，如图 5-42 所示。

图 5-42　洞窟列表

（5）单击网页右上角的"主页"选项卡，可返回数字敦煌网的主页；单击"壁画"选项卡，跳转到"经典壁画"栏目中查看壁画，单击壁画名称或图片，可在打开的窗口中查看高清壁画，如图 5-43 所示。

图5-43　查看高清壁画

（6）单击网页右上角的"检索"选项卡，在打开网页的搜索框中输入想要搜索的内容，如"飞天"，按"Enter"键进行搜索，如图 5-44 所示。

图5-44　搜索内容

（7）在打开的网页中可看到搜索结果，如图 5-45 所示。单击搜索结果的标题或封面缩略图，可在打开的网页中查看洞窟的详细信息。

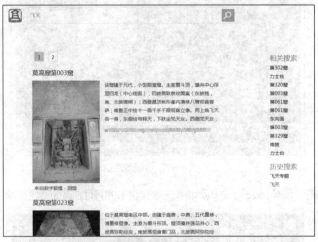

图5-45　查看搜索结果

提示　在数字敦煌网的首页中也有搜索框，可以在其中输入想要搜索的内容，然后进行搜索。

实验六　在百度网盘中上传、分享和下载文件

（一）实验目的

- 了解云服务。
- 掌握通过云盘存储并下载文件的方法。
- 提升数据的安全与保护意识。

（二）实验内容

微课

在百度网盘中
上传、分享和下载
文件

　　互联网技术的快速发展催生了区别于计算机硬盘、U盘等的另一种专用于互联网的存储工具——云盘。云盘是互联网云技术的产物，它可以通过互联网为个人和企业提供信息的存储、读取、下载等服务，具有安全稳定、海量存储等特点。很多人在生活或工作中都有备份数据的需要，而通过云盘可以不用携带工具就实现数据的上传、分享与下载，解决数据备份与丢失的问题。

　　百度网盘是百度推出的一项云存储服务，支持多种操作系统和移动终端，是目前较为常用的云服务软件。百度网盘有网页版、客户端版和移动端版等不同的版本，下面介绍在网页版百度网盘中上传、分享和下载文件的方法，让读者掌握数据备份的方法，提升数据的安全与保护意识，其具体操作如下。

　　（1）打开百度网盘网页，登录百度网盘账号，进入百度网盘首页，单击 上传 按钮，如图 5-46 所示。

　　（2）打开"打开"对话框，选择需要上传的文件，单击 打开(O) 按钮，如图 5-47 所示。

图 5-46　单击 上传 按钮

图 5-47　选择需上传的文件

> **提示**　将鼠标指针移到 上传 按钮上，在打开的下拉列表框中可选择"上传文件夹"选项，在打开的对话框中可选择整个文件夹进行上传；还可以单击 新建文件夹 按钮新建一个文件夹，打开新建的文件夹后再上传文件。

　　（3）打开"传输列表"对话框，在其中显示了文件的上传进度，上传完成后将显示"上传完成"，如图 5-48 所示。

　　（4）返回百度网盘首页可看到上传的文件，单击选中该文件前对应的复选框，再单击上方的 分享 按钮进行分享，如图 5-49 所示。

图 5-48　上传完成

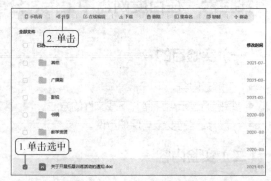

图 5-49　分享文件

（5）打开"分享文件（夹）"对话框，单击"分享"选项卡，在"有效期"下拉列表框中选择分享链接的有效期，这里选择"7天"选项，然后单击 创建链接 按钮，如图 5-50 所示。

（6）成功创建分享链接和提取码，单击 复制链接及提取码 按钮获取链接及提取码，将该内容分享给其他人即可，如图 5-51 所示。单击 下载二维码 按钮可下载二维码，将二维码分享给其他人后，其他人用微信扫描该二维码也可获取该文件。

图 5-50　创建链接

图 5-51　分享链接

（7）单击对话框右上角的"关闭"按钮×，关闭该对话框，返回百度网盘首页。单击选中需要下载的文件或文件夹前的复选框，单击 下载 按钮，打开"新建下载任务"对话框，设置文件名称和保存路径，单击 下载 按钮进行下载，如图 5-52 所示。

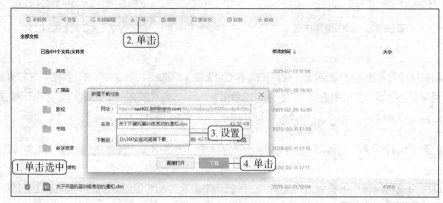

图 5-52　下载文件

提示　单击选中文件或文件夹前的复选框后，网页顶部会出现一个工具栏，单击其中的按钮可进行对应的操作，包括分享、在线编辑、下载、删除、重命名、复制和移动等。

实验七　使用手机投屏电视剧

（一）实验目的

- 了解数据传输技术。
- 掌握用手机投屏电视剧的方法。
- 感受数据传输技术给人们日常生活带来的改变。

（二）实验内容

　　随着智能手机的普及，使用手机或移动设备观看电视剧的现象越来越普遍，但由于手机屏幕较小，手机逐渐不能满足人们越来越多的观影需求，因此，催生了手机投屏技术。手机投屏是目前比较主流的投屏方式之一，它是一种无线投屏方式，只要手机和投屏设备连接了同一局域网，就能实现信号的连接和数据的传输。下面通过手机将影视 App 中的电视剧投屏到电视上，其具体操作如下。

　　（1）将手机和电视连接到同一局域网，在手机中打开腾讯视频 App。在其首页点击"电视剧"选项卡，在打开的界面中点击需要投屏的电视剧，这里选择"百炼成钢"选项，如图 5-53 所示。

　　（2）手机中将开始播放该电视剧，点击播放界面的上方，再点击界面右上角出现的 按钮，如图 5-54 所示。

　　（3）打开"投电视"界面并自动搜索处于同一局域网中的设备，如图 5-55 所示，然后点击要投屏的设备。

图 5-53　点击需要投屏的电视剧

图 5-54　点击 按钮

图 5-55　搜索设备

　　（4）返回手机主界面确认与设备连接成功，如图 5-56 所示。连接成功后，播放界面中会显示"投放中"字样，如图 5-57 所示，此时电视上将播放手机中选择的电视剧。

图 5-56　确认连接设备

图 5-57　投放中

综合实践

1. 按下列要求在电商平台中将商品加入购物车。

（1）登录淘宝网，单击主题市场中"手机"分类对应的超链接。

（2）在搜索结果页面中设置筛选条件为"包邮""新品"。

（3）单击第 5 个商品，浏览商品详情页，然后将商品加入购物车。

2. 按下列要求在京东超市中购买生鲜商品。

（1）登录京东商城，单击首页中的"京东超市"选项卡，进入"京东超市"页面。

（2）在"京东超市"频道分类中选择"京东生鲜"/"新鲜水果"类目下的商品进行浏览。

（3）添加 5 个商品到购物车中，最后进行结算操作。

3. 按下列要求操作哈啰单车。

（1）下载并安装哈啰 App，然后注册并登录账号。

（2）扫描哈啰单车上的二维码开锁并骑行 2 公里。

（3）骑行结束后关闭车锁并进行结算。

4. 按下列要求操作扫地机器人。

（1）将扫地机器人连接到 Wi-Fi。

（2）开启扫地机器人的免打扰功能，设置免打扰时间段为 22:00—09:00。

（3）添加一个预约清扫任务，清扫日期为每周五，时间为 12:00，预约模式为扫地。

5. 按下列要求在手机中进行操作。

（1）党的二十大报告提出，加大文物和文化遗产保护力度，加强城乡建设中历史文化。故宫不仅是历史的见证者，也是重要的世界文化遗产。在故宫展览 App 中查看正在进行展览的展厅，然后选择展厅底部的"展览全景"栏中的"360°"选项，进入增强现实（Augmented Reality，AR）模式浏览展厅。

（2）下载百度网盘 App，在其中上传、重命名、分享和移动文件。

（3）使用手机投屏一部电影。

项目六
信息素养与社会责任

 06

实验一 设置防火墙

（一）实验目的

- 了解设置防火墙的重要性。
- 掌握设置防火墙的方法。
- 重视信息安全，培养计算机安全保护意识。

（二）实验内容

互联网的快速发展给人们带来了极大的便利，同时每个人都应该重视信息的传输安全问题，因为人们在使用计算机的过程中，很容易受到各种外部干扰而造成数据的丢失。因此，了解并设置计算机防火墙是非常重要的。防火墙是一个由计算机硬件和软件组成的系统，用于保护计算机内部网络和外部网络之间的信息流通。它不仅能够检查网络数据，还能保护内部网络数据的安全，防止外部的恶意入侵。下面开启计算机中的防火墙保护功能，并进行自定义设置，其具体操作如下。

微课
设置防火墙

（1）在 Windows 10 系统桌面左下角的搜索框中输入"控制面板"，在弹出的面板中单击"控制面板"超链接，打开"所有控制面板项"窗口，然后单击"Windows Defender 防火墙"超链接，如图 6-1 所示。

图 6-1　单击"控制面板"与"Windows Defender 防火墙"超链接

（2）打开"Windows Defender 防火墙"窗口，单击窗口左侧的"启用或关闭 Windows Defender

防火墙"超链接，如图6-2所示。

（3）打开"自定义设置"窗口，在"公用网络设置"栏中单击选中"启用Windows Defender防火墙"单选项，再单击选中"Windows Defender防火墙阻止新应用时通知我"复选框，最后单击 确定 按钮，如图6-3所示。

图6-2　单击"启用或关闭Windows Defender
防火墙"超链接

图6-3　启用防火墙

（4）返回"Windows Defender防火墙"窗口，单击窗口左侧的"高级设置"超链接。打开"高级安全 Windows Defender 防火墙"窗口，在窗口左侧选择"入站规则"选项，在窗口右侧的"操作"栏中单击"新建规则"超链接，如图6-4所示。

（5）打开"新建入站规则向导"对话框，在"要创建的规则类型"栏中单击选中"端口"单选项，然后单击 下一步(N) > 按钮，如图6-5所示。

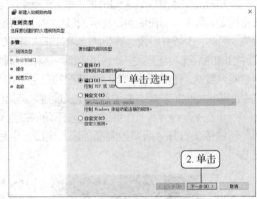

图6-4　新建入站规则

图6-5　选择要创建的规则类型

（6）在"此规则应用于 TCP 还是 UDP？"栏中单击选中"TCP"单选项，在"此规则应用于所有本地端口还是特定的本地端口？"栏中单击选中"特定本地端口"单选项，并在其右侧的文本框中输入"443"，然后单击 下一步(N) > 按钮，如图6-6所示。

（7）在"连接符合指定条件时应该进行什么操作？"栏中单击选中"阻止连接"单选项，然后单击 下一步(N) > 按钮，如图6-7所示。

 提示　不同服务器的端口号不同，一般 HTTP 代理服务器常用端口号为 80、8080、3128、8081、9098，SOCKS 协议代理服务器常用端口号为1080，FTP 代理服务器常用端口号为21，Telnet 协议代理服务器常用端口号为 23。

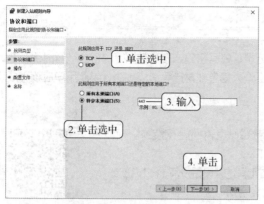

图 6-6　设置协议和端口　　　　　　　　　　图 6-7　设置指定条件

（8）在"何时应用该规则？"栏中单击选中"公用"复选框，然后单击 下一步(N) > 按钮，如图 6-8 所示。

（9）在"名称"文本框中输入规则的名称"外网访问规则"，单击 完成(F) 按钮完成操作，如图 6-9 所示。返回"高级安全 Windows Defender 防火墙"窗口，可看到新建的入站规则。

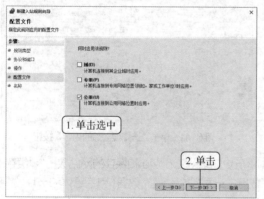
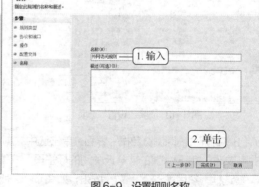

图 6-8　设置应用规则　　　　　　　　　　图 6-9　设置规则名称

提示　入站规则即外网访问计算机的规则，出站规则即用户访问外网的规则，出站规则的设置方法与入站规则的设置方法相同。如果要对规则进行编辑，可在"高级安全 Windows Defender 防火墙"窗口中选择规则，在窗口右侧的"操作"栏中单击"属性"超链接，在打开的对话框中对其进行编辑。若不需要该规则，可单击"删除"超链接进行删除。

实验二　清除上网痕迹

（一）实验目的

- 了解清除上网痕迹的意义。
- 掌握清除上网痕迹的方法。
- 增强网络安全意识。

（二）实验内容

在使用计算机访问网络的过程中，访问的历史记录、账号密码、缓存数据等内容会被暂时保存在计算机中，这些内容可能会被恶意获取，对计算机甚至个人信息或财产等造成威胁，因此用户应该养成定期清理网络痕迹的习惯，增强网络安全意识。

1. 清除浏览器记录

用户大多通过浏览器访问网络，因此可以直接清除浏览器中的上网痕迹。下面在 Internet Explorer 中清除上网痕迹，其具体操作如下。

微课

清除浏览器记录

（1）打开 Internet Explorer 浏览器，单击页面右上角的"设置及其他"按钮 … ，在打开的下拉列表框中选择"设置"选项，如图 6-10 所示。

（2）打开设置界面，选择界面左侧的"隐私和安全性"选项，打开"隐私和安全性"界面，单击"选择要清除的内容"按钮，如图 6-11 所示。

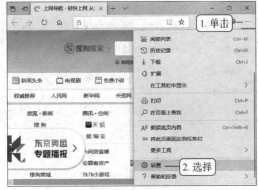
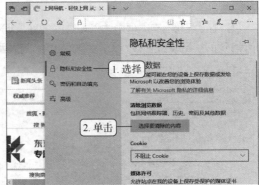

图 6-10　选择"设置"选项　　　　图 6-11　单击"选择要清除的内容"按钮

（3）打开"清除浏览数据"界面，单击选中"浏览历史记录""Cookie 和保存的网站数据""缓存的数据和文件""我已搁置的或最近关闭的标签页""下载历史记录""自动填充数据（包括窗体和卡片）""密码"复选框，然后单击　清除　按钮，如图 6-12 所示。

（4）Internet Explorer 浏览器将自动开始清理，清理完成后会提示清理成功。然后选择设置界面左侧的"密码和自动填充"选项，打开"密码和自动填充"界面，单击"密码""自动填充"栏的"开"按钮，关闭保存密码和自动填充功能，此时"开"按钮将变为"关"按钮，如图 6-13 所示。

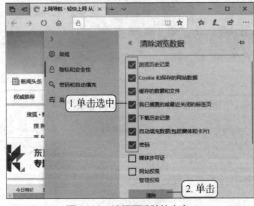

图 6-12　选择要清除的内容　　　　图 6-13　设置保存密码和自动填充功能

2. 清理磁盘垃圾

在访问网络的过程中还会在计算机中残留一些临时文件，这些临时文件长期留存在计算机中会占用计算机磁盘空间，影响计算机的运行速度。下面对计算机中的系统磁盘垃圾进行清理，其具体操作如下。

微课
清理磁盘垃圾

（1）在计算机桌面上双击"此电脑"图标，打开"此电脑"窗口，在系统磁盘 C 盘上单击鼠标右键，在弹出的快捷菜单中选择"属性"命令，如图 6-14 所示。

（2）打开"新加卷（C:）属性"对话框，单击 磁盘清理(D) 按钮，如图 6-15 所示。

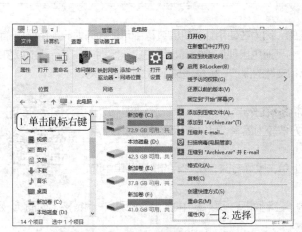

图 6-14　选择"属性"命令

图 6-15　单击 磁盘清理(D) 按钮

（3）系统将自动扫描该磁盘，并计算可以释放的空间大小，如图 6-16 所示。扫描完成后生成"要删除的文件"列表框，该列表框中列出了占用该磁盘空间的文件，单击选中需要清理的文件前的复选框，然后单击 确定 按钮，如图 6-17 所示。

（4）打开提示对话框，单击 删除文件 按钮，系统开始清理文件，清理完成后单击 确定 按钮，如图 6-18 所示，关闭对话框，完成磁盘清理操作。

图 6-16　扫描文件

图 6-17　选择要清理的文件

图 6-18　删除文件

实验三 备份与恢复数据

（一）实验目的

- 了解数据备份的重要性。
- 掌握备份与恢复数据的方法。
- 增强数据备份的意识。

（二）实验内容

对任何人来说，数据备份都是非常重要的，因为在使用计算机的过程中可能会因为一些错误操作而造成重要的数据丢失，甚至是系统的崩溃。为了避免出现这种情况，用户应该定期或在进行可能威胁到系统的操作前对数据进行备份，做好对系统和文件的保护，以免造成不可挽回的损失。

1. 系统备份和还原

在使用计算机的过程中，要注意对计算机系统进行备份，避免系统遭到破坏或出现错误时导致数据丢失。系统备份和还原的方法较为简单，可以直接通过创建还原点来备份和还原系统，其具体操作如下。

微课

系统备份和还原

（1）在计算机桌面的"此电脑"图标 上单击鼠标右键，在弹出的快捷菜单中选择"属性"命令，如图6-19所示。

（2）打开"系统"窗口，单击窗口左侧"控制面板主页"栏中的"系统保护"超链接，如图 6-20 所示。

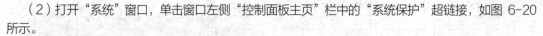

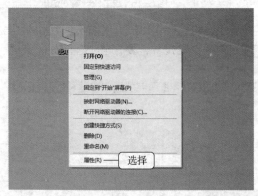

图6-19 选择"属性"命令

图6-20 单击"系统保护"超链接

（3）打开"系统属性"对话框，单击"系统保护"选项卡，在"保护设置"栏中的"可用驱动器"列表框中选择需要备份的磁盘。这里选择"新加卷（C:）（系统）"选项，然后单击 配置(O)... 按钮，如图 6-21 所示。

（4）打开"系统保护新加卷（C:）"对话框，在"还原设置"栏中单击选中"启用系统保护"单选项，然后单击 确定(O) 按钮，如图 6-22 所示。

（5）返回"系统属性"对话框，单击 创建(C)... 按钮，打开"系统保护"对话框，在"创建还原点"文本框中输入便于识别的还原点名称，如"21-8-4"，然后单击 创建(C) 按钮进行创建，如图 6-23 所示。

（6）系统将自动开始创建还原点，稍后将提示"已成功创建还原点"，单击 关闭(O) 按钮完成还原点的创建，返回"系统属性"对话框，单击 确定 按钮完成操作，如图 6-24 所示。

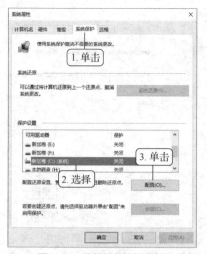

图6-21　选择需备份的磁盘

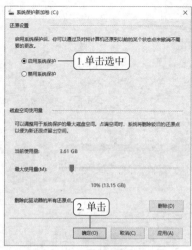

图6-22　设置备份的方式

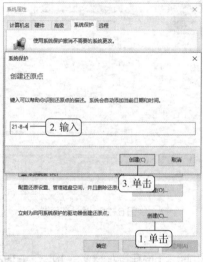

图6-23　创建还原点

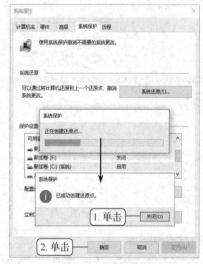

图6-24　成功创建还原点

（7）需要还原系统时，打开"系统属性"对话框，在"系统保护"选项卡下单击 系统还原(S)... 按钮，如图6-25所示。

（8）打开"系统还原"对话框，单击 下一步(N) > 按钮，如图6-26所示。

（9）在"当前时区"列表框中选择需要还原的状态，单击 下一步(N) > 按钮，如图6-27所示。

（10）打开"确认还原点"界面，单击 完成 按钮进行系统的还原，如图 6-28 所示。操作完成后用户即可正常使用系统。

> **提示**　还原点可快速将系统还原到创建还原点时的状态，但只适用于因软件或设置而产生系统故障的情况，当系统崩溃或不能进入系统时则不能使用。因此，用户可以使用系统工具软件来备份和还原系统，如一键 Ghost。一键 Ghost 可以将某个磁盘分区或将整个磁盘上的内容完全镜像备份，再通过相应位置的映像文件对系统进行还原。使用一键 Ghost 备份与还复系统通常都在 DOS 状态下，因为该状态可以解决不能进入系统而无法还原的问题。

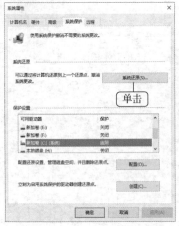

图6-25　单击 系统还原(S)... 按钮　　　　图6-26　单击 下一步(N) ▸ 按钮

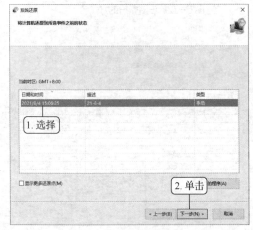

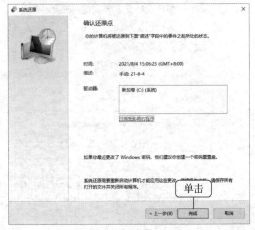

图6-27　选择还原状态　　　　图6-28　确认还原点

2. 文件备份和还原

若只需对文件进行备份，可以使用文件备份和还原功能，下面在 Windows 10 中进行文件备份和还原，其具体操作如下。

（1）打开"所有控制面板项"窗口，单击"备份和还原（Windows 7）"超链接，如图6-29所示。

（2）打开"备份和还原（Windows 7）"窗口，单击"备份"栏中的"设置备份"超链接，如图6-30所示。

微课

文件备份和还原

图6-29　单击"备份和还原（Windows7）"超链接　　　图6-30　单击"设置备份"超链接

（3）打开"设置备份"对话框，在"保存备份的位置"列表框中选择保存的位置，然后单击 下一步(N) ⟩ 按钮，如图6-31所示。打开"你希望备份哪些内容？"界面，单击选中"让我选择"单选项，然后单击 下一步(N) ⟩ 按钮，如图6-32所示。

图6-31　选择要保存备份文件的位置　　　　　　图6-32　选择备份的方式

（4）在打开对话框的"选中要包含在备份中的项目对应的复选框。"列表框中单击选中需要备份的文件前的复选框，然后单击 下一步(N) ⟩ 按钮，如图6-33所示。

（5）打开"查看备份设置"界面，确认设置无误后，单击 保存设置并运行备份(S) 按钮，如图6-34所示。

图6-33　选择备份的项目　　　　　　图6-34　保存设置并进行备份

（6）返回"备份和还原（Windows7）"窗口，系统自动进行备份，如图6-35所示。一段时间后将显示"备份已完成"提示消息。

（7）需要还原文件时，打开"备份和还原（Windows7）"窗口，在该窗口的"还原"栏中单击 还原我的文件(R) 按钮，如图6-36所示。

（8）打开"还原文件"对话框，在对话框右侧单击 浏览文件(I) 按钮，打开"浏览文件的备份"对话框，选择需要还原的文件，单击 添加文件(F) 按钮，如图6-37所示。

图 6-35　正在备份

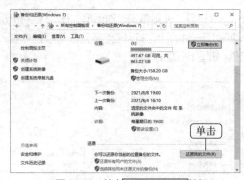

图 6-36　单击 还原我的文件(R) 按钮

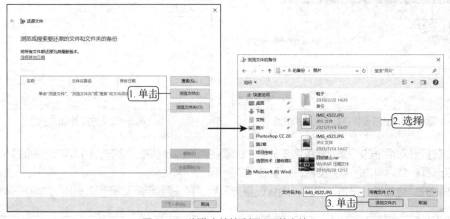

图 6-37　浏览文件并选择还原的文件

> **提示**　单击 浏览文件(I) 按钮，在打开的对话框中只能选择还原某个文件。若需要还原某个文件夹中的所有文件，则可以在"还原文件"对话框中单击 浏览文件夹(O) 按钮，在打开的对话框中选择文件夹进行还原。

（9）返回"还原文件"对话框，单击 下一步(N) 按钮，打开"你想在何处还原文件？"界面，单击选中"在以下位置"单选项，在其下方的文本框中输入文件路径，然后单击 还原(R) 按钮进行还原，如图 6-38 所示。

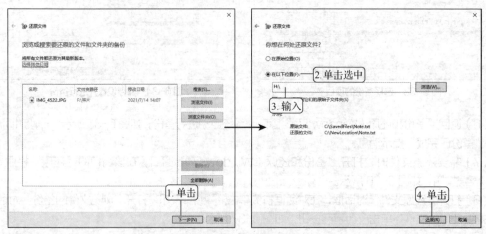

图 6-38　执行还原操作

实验四 使用 360 安全卫士保护计算机

（一）实验目的

- 了解保护计算机的重要性。
- 掌握使用工具软件保护计算机的方法。
- 提高保护计算机的意识。

（二）实验内容

计算机在人们的日常工作和生活中是必不可少的。在使用计算机的过程中，用户要注意保护计算机，定期对计算机进行体检，了解计算机的性能，及时发现并处理计算机可能出现的问题，以延长计算机的使用寿命，保证其性能的稳定。使用 360 安全卫士保护计算机是一种比较常见的保护方法。360 安全卫士是奇虎 360 公司推出的安全杀毒软件，具有使用方便、应用全面、功能强大等特点，是较为常用的保护计算机的工具软件之一。

1. 对计算机进行体检

利用 360 安全卫士对计算机进行体检，实际上是对计算机进行全面的扫描，体检后 360 安全卫士可让用户了解计算机当前的使用状况，并提供安全维护方面的建议，其具体操作如下。

（1）启动 360 安全卫士，在 360 安全卫士主界面中单击"我的电脑"选项卡，将显示当前计算机的体检状态，单击 立即体检 按钮，如图 6-39 所示。

（2）360 安全卫士将对计算机进行扫描，并显示体检进度及动态显示检测结果，扫描完成后单击 一键修复 按钮，如图 6-40 所示。

图 6-39　对计算机进行体检

图 6-40　一键修复

（3）360 安全卫士将自动修复计算机中存在的问题，修复完成后将在图 6-41 所示的界面中显示修复信息，单击 完成 按钮完成修复。

图 6-41　完成修复

> **提示** 通常情况下，对计算机进行体检的目的是检查计算机中是否有漏洞、是否需要安装补丁或是否存在系统垃圾。若体检分数没有达到 100 分，一键修复后体检分数仍不足 100 分，可浏览界面中的"系统强化"和"安全项目"等内容，根据提示信息手动进行修复。若只是提示软件更新或 IE 浏览器主页未锁定等信息，则不需要特别在意，因为其对计算机的运行并无影响。

2. 木马查杀

360 安全卫士提供了木马查杀功能，使用该功能可对计算机进行扫描并查杀木马文件，实时保护计算机，其具体操作如下。

微课
木马查杀

（1）启动 360 安全卫士，单击主界面中的"木马查杀"选项卡，然后单击 快速查杀 按钮，对计算机进行扫描，如图 6-42 所示。

（2）扫描完成后软件将显示扫描结果，并将可能存在风险的项目一一罗列出来，单击 一键处理 按钮处理安全威胁，如图 6-43 所示。处理完成后单击 稍后我自行重启 按钮，稍后需要进行重启计算机操作，计算机重启后才能彻底完成木马查杀。

图 6-42　快速查杀

图 6-43　处理安全威胁

> **提示** 在"木马查杀"界面底部单击 全盘查杀 按钮，可对整个硬盘进行木马查杀；单击 按位置查杀 按钮可对指定位置进行木马查杀。

3. 清理系统垃圾与痕迹

计算机中残留的无用文件和浏览网页时产生的垃圾文件，以及网页搜索内容和注册表单等痕迹信息将会给系统增加负担。使用 360 安全卫士可清理这些系统垃圾与痕迹信息，其具体操作如下。

微课
清理系统垃圾与痕迹

（1）启动 360 安全卫士，单击主界面中的"电脑清理"选项卡，然后单击 一键清理 按钮，对计算机进行扫描，如图 6-44 所示。

（2）扫描完成后软件将自动选择删除后对系统或文件没有影响的项目。此时，用户可单击未被选择的项目下方的"详情"按钮，自行清理其他项目。这里单击"可选清理插件"项目下方的"详情"按钮，如图 6-45 所示。

> **提示** 在"电脑清理"界面右下角单击 自动清理 按钮将启用自动清理功能，设置自动清理周期；单击 经典版清理 按钮则可切换到 360 安全卫士的经典版清理界面，在经典版清理界面中信息显示效果更直观。在"电脑清理"界面底部还可单击 清理垃圾 、 清理插件 、 清理痕迹 、 清理软件 按钮进行专项清理。

图6-44 一键清理

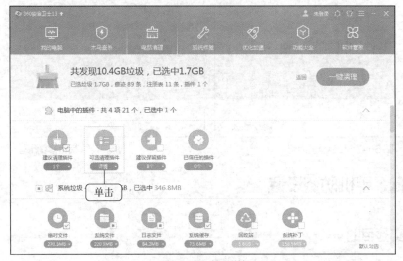

图6-45 查看详情

（3）打开的对话框中提示了"清理可能导致部分软件不可用或功能异常"，用户需要自行判断。单击选中相应插件前的复选框后单击 清理 按钮进行清理，如图6-46所示。

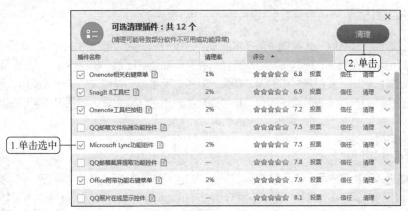

图6-46 自定义清理

（4）清理完成后单击"关闭"按钮 ✕ 关闭该对话框，返回"电脑清理"界面，单击 一键清理 按钮清理垃圾。

4. 修复系统漏洞

微课

修复系统漏洞

360 安全卫士的系统修复功能主要用于修复系统漏洞，防止非法用户将病毒植入漏洞中并窃取计算机中的重要资料，或者破坏系统，使计算机无法正常运行。修复系统漏洞的具体操作如下。

（1）启动 360 安全卫士，单击主界面中的"系统修复"选项卡，然后单击 一键修复 按钮，如图 6-47 所示。

（2）系统将自动开始扫描当前计算机是否存在漏洞，并将扫描结果显示在当前界面中，单击 一键修复 按钮，如图 6-48 所示，360 安全卫士将自动对漏洞进行修复。

图 6-47　一键修复漏洞

图 6-48　后台修复漏洞

实验五　手机防盗设置

（一）实验目的

* 了解手机防盗设置的重要性。
* 掌握手机防盗的设置方法。
* 增强信息安全意识和防盗意识。

（二）实验内容

随着人工智能、物联网、大数据等新技术的发展，手机已成为人们日常生活中的重要物品之一。手机不仅可以打电话、发短信，还具有购物、支付、社交等功能，因此手机中会留下大量的信息，如电话号码、社交账号和密码、支付账号和密码、聊天记录等。若手机不慎遗失或被他人盗用，可能引发信息泄露、账号被盗或财产损失等风险。因此，有必要对手机进行防盗设置，包括设置手机锁屏密码、SIM卡 PIN 码等。

1. 设置手机锁屏密码

微课

设置手机锁屏
密码

锁屏密码可以使手机在未使用时处于锁屏状态，若要使用手机，必须输入设置的锁屏密码才能进入手机主界面，从而保护手机信息不被他人轻易盗用。手机锁屏密码有数字密码、手势密码和指纹密码 3 种，下面介绍具体的锁屏密码设置方法，其具体操作如下。

（1）打开手机，在手机屏幕中点击"设置"按钮 ，如图 6-49 所示。

（2）打开"设置"界面，选择"手机解锁"选项，如图 6-50 所示。

（3）打开"手机解锁"界面，选择"密码设置"选项，如图 6-51 所示。

图6-49　点击"设置"按钮

图6-50　选择"手机解锁"选项

图6-51　选择"密码设置"选项

（4）打开"密码设置"界面，选择需要设置的密码类型，如"简单密码"，如图6-52所示。

（5）打开"简单密码"界面，在文本框中输入至少6位的数字密码，然后点击界面右上角的"继续"按钮，如图6-53所示。

（6）在打开的界面中再次输入数字密码，完成后点击界面右上角的"确认"按钮，如图6-54所示。

图6-52　选择"简单密码"选项

图6-53　点击"继续"按钮

图6-54　点击"确认"按钮

（7）返回"手机解锁"界面，此时"密码设置"选项右侧将显示"简单密码"，如图6-55所示。

（8）再次选择"密码设置"选项，打开"输入密码"界面，输入设置的数字密码后，点击界面右上角的"确认"按钮。进入"密码设置"界面，然后选择"图案密码"选项。

（9）打开"图案密码"界面，使用手指在该界面中绘制图案密码，至少连接 4 个点，如图 6-56 所示。

（10）在打开的界面中再次绘制图案密码，如图 6-57 所示。完成后松开手指，将自动返回"手机解锁"界面。

图 6-55 查看设置后的效果   图 6-56 绘制图案密码   图 6-57 再次绘制图案密码

（11）在"手机解锁"界面中选择"添加指纹"选项，如图 6-58 所示。

（12）打开"添加指纹"界面，按照界面中的提示将手指放在指纹传感器上，如图 6-59 所示。

（13）当手机振动后移开手指并重复此操作，然后将手指边缘放在指纹传感器上并重复此操作，直到界面中显示"完成"字样，然后点击界面下方的 完成 按钮完成手机锁屏密码的设置，如图 6-60 所示。

图 6-58 选择"添加指纹"选项   图 6-59 放置手指   图 6-60 完成设置

2. SIM 卡锁定设置

微课

SIM 卡锁定设置

手机被盗后，不法分子通常会取下 SIM 卡，插入其他手机以获取手机验证码，然后登录手机 App 进行非法操作。为了避免这种情况发生，用户可以锁定手机 SIM 卡。启用 SIM 卡锁定设置后，需要输入 PIN 码才能使用 SIM 卡。PIN 码是用于保护手机 SIM 卡的一种安全措施，一般为 4~8 位数。设置手机 PIN 码后，每次开机都需要输入 PIN 码，并且 PIN 码累计 3 次输入错误后，SIM 卡将会被锁定，此时必须持卡人使用服务密码拨打运营商客服热线，获取 PIN 解锁密钥（PUK）才能解锁。下面进行手机 SIM 卡的锁定设置，其具体操作如下。

（1）打开手机，在手机屏幕中点击"设置"按钮 ⊙ ，打开"设置"界面，选择"安全和隐私"选项，如图 6-61 所示。

（2）打开"安全和隐私"界面，选择"SIM 卡锁定"选项下的运营商名称，如"中国电信"，如图 6-62 所示。

（3）打开"SIM 卡锁定设置"界面，点击"锁定 SIM 卡"选项右侧的"启用"按钮 ⬤ 。在打开的提示界面中点击 ☐确定☐ 按钮，如图 6-63 所示。

图 6-61　选择"安全和隐私"选项　　图 6-62　选择"中国电信"选项　　图 6-63　启用 SIM 卡锁定设置

（4）打开"锁定 SIM 卡"界面，在文本框中输入当前 SIM 卡的初始 PIN 码，点击 ☐确定☐ 按钮，如图 6-64 所示。

（5）输入成功后将返回"SIM 卡锁定设置"界面，此时"锁定 SIM 卡"选项右侧的按钮将变为 ⬤ ，选择"更改 SIM 卡 PIN 码"选项，如图 6-65 所示。

（6）打开"SIM 卡 PIN 码"界面，在文本框中输入旧的 SIM 卡的 PIN 码，然后点击 ☐确定☐ 按钮，如图 6-66 所示。

> **提示**　要使用 SIM 卡锁定功能，必须先启用该功能。在启用时需要先输入 SIM 卡的初始 PIN 码，不同的运营商，SIM 卡的初始密码也不相同，用户可拨打运营商电话得知。相同运营商的 SIM 卡的 PIN 密码是相同的，为了避免密码轻易被他人识破，启用 SIM 卡锁定功能后，还需修改 PIN 码。

图 6-64 输入初始 PIN 码   图 6-65 选择"更改 SIM 卡 PIN 码"选项   图 6-66 输入旧的 PIN 码

（7）输入完成后，将会提示输入新的 SIM 卡 PIN 码，用户输入自定义的 PIN 码后点击 确定 按钮，如图 6-67 所示。

（8）再次输入新的 PIN 码，完成后点击 确定 按钮，如图 6-68 所示。

（9）返回"SIM 卡锁定设置"界面，界面底部将出现"已成功更改 SIM 卡 PIN 码"提示信息，如图 6-69 所示。

图 6-67 输入新的 PIN 码   图 6-68 再次输入新的 PIN 码   图 6-69 完成更改

实验六　手机权限设置

（一）实验目的

- 了解手机权限设置的重要性。
- 掌握手机权限的设置方法。
- 提高信息安全意识。

（二）实验内容

智能手机的普遍使用催生了越来越多的 App，用户若想使用 App 必须先安装该 App 并授予该 App 权限，但在安装过程中，很多用户在面对 App 的应用权限申请时，一般都会默认选择"允许"选项，这样也使某些 App 获取了过多的手机权限，如录音权限、相机权限、位置权限等。若 App 有漏洞，就很容易造成个人信息的泄露，因此，掌握手机权限的设置方法是非常重要的。下面介绍手机权限设置的方法，其具体操作如下。

微课

手机权限设置

（1）打开手机，在手机屏幕中点击"设置"按钮 ，打开"设置"界面，选择"应用和通知"选项，如图 6-70 所示。

（2）打开"应用和通知"界面，选择"应用权限"选项，如图 6-71 所示。

（3）打开"权限管理"界面，点击"按应用管理"选项卡，打开"按应用管理"界面，选择需要设置权限的应用，这里选择"百度地图"选项，如图 6-72 所示。

图 6-70　选择"应用和通知"选项　　图 6-71　选择"应用权限"选项　　图 6-72　选择需要设置权限的应用

（4）打开"百度地图"界面，在"电话与信息相关"栏中选择"通话与联系人"选项，在打开的界面中可设置"拨打电话""读取联系人"权限，这里选择"读取联系人"选项，在打开的界面中设置应用权限，这里选择"禁止"选项，如图 6-73 所示。

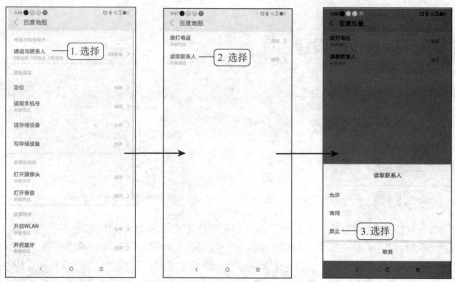

图6-73　设置通话与联系人权限

（5）连续点击两次界面左上角的"返回"按钮，返回"百度地图"界面，选择"隐私相关"栏中的"读取手机号"选项，在打开的界面中选择"禁止"选项，如图6-74所示。

（6）返回"百度地图"界面，选择"多媒体相关"栏中的"打开摄像头"选项。在打开的界面中选择"禁止"选项，如图6-75所示。

（7）返回"百度地图"界面，选择"多媒体相关"栏中的"打开录音"选项。在打开的界面中选择"允许"选项，如图6-76所示。

图6-74　设置读取手机号权限　　图6-75　设置打开摄像头权限　　图6-76　设置打开录音权限

（8）点击界面左上角的"返回"按钮，返回"权限管理"界面，点击"按权限管理"选项卡，选择"定位"选项，如图6-77所示。

（9）打开"定位"界面，选择要设置定位权限的应用，这里选择"百度贴吧"选项，在打开的界面中选择"禁止"选项，如图6-78所示。

（10）点击界面左上角的"返回"按钮，返回"权限管理"界面，选择"读取账号信息"选项，打开"读取账号信息"界面，点击要设置权限的应用。在打开的界面中选择"允许"选项，如图 6-79 所示。使用相同的方法，可设置其他应用权限。

图 6-77　选择"定位"选项

图 6-78　设置定位权限

图 6-79　设置读取账号信息权限

综合实践

1. 按下列要求对计算机进行安全设置。

（1）启用计算机的防火墙功能。

（2）查看计算机中有哪些程序或功能被允许通过 Windows Defender 防火墙，并禁止不安全的程序或功能通过 Windows Defender 防火墙。

（3）下载并安装杀毒软件。

2. 按下列要求清除计算机中的使用痕迹。

（1）清除浏览器中的上网痕迹。

（2）使用 360 安全卫士进行计算机清理。

3. 按下列要求保护计算机系统。

（1）创建系统还原点，对系统进行备份。

（2）使用 360 安全卫士对计算机进行体检并一键修复。

（3）使用 360 安全卫士进行系统修复。

（4）使用 360 安全卫士全盘查杀木马。

4. 按下列要求对手机进行安全设置。

（1）启用手机锁屏密码，为手机设置一个简单的数字密码。

（2）为手机添加指纹解锁密码。

（3）设置手机的 SIM 卡 PIN 码。

（4）对手机中的应用进行权限管理。

第二部分
习题集

项目一
文档处理

01

一、单选题

1. 在 WPS 文档的编辑状态下，打开计算机中的"日记.wps"文档，若要把编辑后的文档以"旅行日记"为名进行保存，则可以单击"文件"选项卡，在打开的下拉列表框中选择（　　）选项。

    A."保存"　　　　　　　　　　　　　　　B."另存为"

    C."全部保存"　　　　　　　　　　　　　D."保存并发送"

2. 在 WPS 的文档编辑界面中，能够显示文档总页数、页号、字数等信息的是（　　）。

    A. 状态栏　　　　　　　　　　　　　　　B. 菜单栏

    C. 快速访问工具栏　　　　　　　　　　　D. 标题栏

3. 将插入点定位于句子"风吹草低见牛羊"中的"草"与"低"之间，按"Delete"键后，则该句子为（　　）。

    A. 风吹草见牛羊　　　B. 风吹见牛羊　　　C. 整句被删除　　　D. 风吹低见牛羊

4. 选择文本后，在"开始"选项卡中单击"字符边框"按钮回，可（　　）。

    A. 为所选文本添加默认的边框样式　　　B. 为当前段落添加默认的边框样式

    C. 为所选文本所在的行添加默认的边框样式　D. 自定义所选文本的边框样式

5. "左缩进"和"右缩进"调整的是（　　）。

    A. 非首行　　　　　　B. 首行　　　　　　C. 整个段落　　　　　D. 段前距离

6. 修改字符间距的操作位置是（　　）。

    A."段落"对话框中的"缩进和间距"选项卡下

    B."开始"选项卡中的"两端对齐"按钮三

    C."字体"对话框中的"字符间距"选项卡下

    D."开始"选项卡中的"分散对齐"按钮

7. 选择文本，按"Ctrl+B"组合键后，字体会（　　）。

    A. 加粗　　　　　　　B. 倾斜　　　　　　C. 加下画线　　　　　D. 设置成上标

8. 若要在 WPS 文档中删除表格中某个单元格所在的行，则应选择"删除单元格"对话框中的（　　）选项。

    A."右侧单元格左移"　　　　　　　　　B."下方单元格上移"

    C."删除整行"　　　　　　　　　　　　D."删除整列"

9. 在 WPS 文档中，"页码"格式可在（　　）对话框中进行设置。

    A."页面设置"　　　　　　　　　　　　B."页眉/页脚设置"

    C."页码"　　　　　　　　　　　　　　D."段落"

10. 下列关于样式的说法中，正确的是（　　）。

    A. 用户可以使用样式，但必须先创建样式

B．用户可以使用 WPS 文档预设的样式，也可以自定义样式

C．WPS 文档没有预设的样式，用户只能创建后再使用

D．用户可以使用 WPS 文档预设的样式，但不能自定义样式

11．在 WPS 文档的编辑状态下，为文档插入页码时，可以在（　　）选项卡中设置。

　　A．"引用"　　　　　　　　B．"开始"　　　　　　　C．"视图"　　　　　　　D．"插入"

12．WPS 文档的页边距可以在（　　）选项卡中设置。

　　A．"插入"　　　　　　　　B．"开始"　　　　　　　C．"页面布局"　　　　　　D．"开发工具"

13．在 WPS 文档的编辑状态下，在设置纸张大小时，应当（　　）。

　　A．在"开始"选项卡中单击"纸张大小"按钮

　　B．在快速访问工具栏中单击"纸张大小"按钮

　　C．在"视图"选项卡中单击"纸张大小"按钮

　　D．在"页面布局"选项卡中单击"纸张大小"按钮

二、多选题

1．在 WPS 文档中，文档可以保存为（　　）文件。

　　A．网页　　　　　　　　　B．模板　　　　　　　C．PDF　　　　　　　D．XLM

2．在 WPS 文档中，若需选择整个段落，则可执行（　　）操作。

　　A．在段首处单击，然后按住"Shift"键再在段尾处单击

　　B．在段落左侧的空白处快速单击 3 次

　　C．在段落内任意处快速单击 3 次

　　D．按住"Ctrl"键在段内任意处单击

3．在 WPS 文档中，以下有关"项目符号"的说法正确的有（　　）。

　　A．项目符号可以是英文字母　　　　　　　B．项目符号可以改变格式

　　C．项目符号可以是计算机中的图片　　　　D．项目符号可以自动按顺序生成

4．下面关于 WPS 文档样式的叙述，正确的有（　　）。

　　A．修改样式后将自动修改使用了该样式的文本格式

　　B．使用样式可以简化操作，能节省许多时间

　　C．样式不能重复使用

　　D．样式是 WPS 文档中较为有力的工具之一

5．在设置打印文档的方式时，用户可以选择的打印方式有（　　）。

　　A．打印所有页　　　　B．打印当前页面　　C．打印指定的页　　D．打印所选内容

6．下面关于格式设置的说法，正确的有（　　）。

　　A．在同一页面上可同时存在不同的分栏格式

　　B．使用样式后，用户可以统一设置文本的字体、字号和段落对齐方式

　　C．用户可以自定义多个字体或段落样式

　　D．用户可以为新样式设置一个快捷键，使排版更方便

7．下面关于 WPS 文档分页的叙述，正确的有（　　）。

　　A．分页符不能被打印出来

　　B．WPS 文档可以自动分页，也可以人工分页

　　C．将插入点定位于分页符上按任意键可将其删除

　　D．分页符标志着前一页的结束和一个新页的开始

8．在 WPS 文档中插入图片对象后，可以通过设置图片的文字环绕方式进行图文混排。下列属于 WPS 文档提供的文字环绕方式有（　　）。

A. 四周型环绕　　　B. 衬于文字下方　　C. 嵌入型环绕　　　D. 左右型环绕

9. WPS 文档中可设置的视图模式有（　　）。

A. 页面视图　　　　　B. 阅读版式视图　　C. Web 版式视图　　D. 大纲视图

三、判断题

1. 当执行了错误操作后，用户可以在快速访问工具栏中单击"撤销"按钮↺撤销当前操作，还可以单击"撤销"按钮右侧的下拉按钮▾，在打开的下拉列表框中执行多次撤销操作或单击"恢复"按钮↻恢复撤销的操作。　　　　　　　　　　　　　　　　　　　　　　　　　（　　）

2. 在 WPS 文档中，"剪切"和"复制"命令只有在选择对象后才能使用。　　　（　　）

3. WPS 文档可以同时打开多个窗口，但其中只有一个是活动窗口。　　　（　　）

4. 在 WPS 文档中进行高级查找和替换操作时，常使用的通配符有"？""*"，其中，"*"表示任意一个字符，"？"表示任意多个字符。　　　　　　　　　　　　　　　（　　）

5. 在 WPS 文档中进行替换操作时，如果"替换为"下拉列表框中未输入任何内容，则不会进行替换操作。　　　　　　　　　　　　　　　　　　　　　　　　　　　　（　　）

6. 在 WPS 文档中，用户不但可以给文本套用各种样式，而且还可以更改文本样式。　（　　）

7. 在 WPS 文档中，用户可以使用预设的样式，也可以使用自定义样式。　　（　　）

8. 在 WPS 文档中，用户不但能插入封面和页码，而且还可以制作文档目录。　（　　）

9. 在 WPS 文档中，用户可以插入内置的公式，也可以插入新公式并在"公式工具"选项卡中对公式进行编辑。　　　　　　　　　　　　　　　　　　　　　　　　　　（　　）

10. 插入分栏符后，用户可以对还未填满一页的文本进行强制分页。　　（　　）

11. 在 WPS 文档中，页面设置针对的是整个文档。　　　　　　　（　　）

12. 在 WPS 文档中，在大纲视图下不能显示页眉和页脚。　　　　（　　）

13. 在 WPS 文档中，文档默认的模板名为".doc"。　　　　　　　（　　）

14. 在打印文档时，如果只打印第 2 页、第 6 页和第 7 页，则应在"页面范围"文本框中输入"2、6、7"。　　　　　　　　　　　　　　　　　　　　　　　　　　　　（　　）

项目二

电子表格处理

02

一、单选题

1. 下列关于工作表的描述，正确的是（　　）。
    A. 工作表主要用于存取数据
    B. 工作表的名称显示在工作簿顶部
    C. 工作表无法修改名称
    D. 工作表的默认名称为"Sheet1""Sheet2"……

2. 在 WPS 表格中，先将 A1 单元格的数字格式设置为整数，则输入"11.15"时，该单元格显示的是（　　）。
    A. 11.11　　　　　　　　B. 11　　　　　　　　C. 12　　　　　　　　D. 11.2

3. 将所选的多列单元格按指定数字调整为等列宽的快捷方法是（　　）。
    A. 直接在列标分隔线处拖曳到等列宽
    B. 选择多列单元格进行拖曳
    C. 选择"开始"/"行和列"/"列宽"选项
    D. 选择"开始"/"行和列"/"最适合的列宽"选项

4. 工作表被保护后，该工作表中的单元格内容、格式（　　）。
    A. 可以修改　　　　　　　　　　　　B. 不可修改、删除
    C. 可以复制、填充　　　　　　　　　　D. 可移动

5. 如果要在 G2 单元格得到 B2:F2 单元格区域中的数值之和，则应在 G2 单元格中输入公式（　　）。
    A. "= SUM（B2，F2）"　　　　　　　　B. "= SUM（B2:F2）"
    C. "SUM（B2，F2）"　　　　　　　　　D. "SUM（B2:F2）"

6. A1:A4 单元格区域中的内容为 8、3、83、9，则公式"=MIN（A1:A4，2）"的返回值为（　　）。
    A. 2　　　　　　　　B. 3　　　　　　　　C. 4　　　　　　　　D. 83

7. COUNT 函数的功能是（　　）。
    A. 求和　　　　　　　B. 求均值　　　　　　C. 求最大值　　　　　D. 求个数

8. 将 L2 单元格的公式"=SUM（C2:K3）"复制到 L3 单元格中后，L3 单元格中显示的公式是（　　）。
    A. "=SUM（C2:K2）"　　　　　　　　B. "=SUM（C3:K4）"
    C. "=SUM（C2:K3）"　　　　　　　　D. "=SUM（C3:K2）"

9. 在 WPS 表格中，图表是表格数据的一种图像表现形式，是动态的，若改变了表格的（　　），图表也会自动更改。
    A. 横轴数据　　　　　B. 纵轴数据　　　　　C. 数据　　　　　D. 表标题

10. 在 WPS 表格中，比较适合反映数据发展趋势的图表类型是（　　　）。

  A. 散点图   B. 折线图   C. 柱形图   D. 饼图

11. 若要在一张工作表中迅速筛选出性别为"男"且总分大于 350 的所有记录，则可在"性别"和"总分"字段后输入（　　　）。

  A. 男>350   B. "男">350   C. =男>350   D. ="男">350

12. 在 WPS 表格中打印学生成绩单时，可用醒目的方式突出不及格的成绩（如用红色突出显示等），若要处理大量的学生成绩，则利用（　　　）功能较为方便。

  A. "查找"   B. "条件格式"   C. "数据筛选"   D. "定位"

13. （　　　）可以快速汇总大量的数据，并能对汇总结果进行各种筛选，以查看源数据的不同统计结果。

  A. 数据透视表   B. 智能图形   C. 图表   D. 表格

14. 在排序时，将工作表的第一行设置为标题行后，若选择标题行一起参与排序，则排序后标题行（　　　）。

  A. 总是出现在第一行   B. 总是出现在最后一行

  C. 按照指定的排列顺序而定   D. 总是不显示

二、多选题

1. 在 WPS 表格中，复制单元格格式可采用（　　　）。

  A. 链接   B. 复制 + 粘贴

  C. 复制 + 选择性粘贴   D. 格式刷

2. 下列选项中，可以成功完成退出 WPS 电子表格编辑界面的操作有（　　　）。

  A. 单击电子表格编辑界面右上角的"关闭"按钮✕

  B. 在表格标题上单击鼠标右键，在弹出的快捷菜单中选择"关闭"命令

  C. 单击"文件"选项卡，在打开的下拉列表框中选择"退出"选项

  D. 单击表格标题右侧的"关闭"按钮✕

3. 在 WPS 表格中，使用填充功能可以实现（　　　）填充。

  A. 等差序列   B. 等比序列   C. 多项式   D. 方程组

4. 下列关 WPS 表格图表的说法中，正确的有（　　　）。

  A. 工作表与生成的图表互相独立，不自动更新

  B. 图表类型一旦确定，生成后就不能再更改

  C. 图表的相关选项可以在其创建时设定，也可以在创建后修改

  D. 图表可以作为对象插入，也可以作为新工作表插入

5. 数据筛选主要可分为（　　　）。

  A. 直接筛选   B. 自动筛选   C. 高级筛选   D. 自定义筛选

6. 下列属于常见图表类型的有（　　　）。

  A. 柱形图   B. 环状图   C. 条形图   D. 折线图

7. 在 WPS 表格中，"数据透视表"任务窗格包括的主要区域分别是（　　　）。

  A. 行区域   B. 筛选器区域   C. 列区域   D. 值区域

8. 下列选项中，属于数据透视表数据来源的有（　　　）。

  A. WPS 表格工作表或数据库   B. 外部数据库

  C. 多重合并计算数据区域   D. 查询条件

9. 在 WPS 表格的工作表中以"姓名"字段为关键字进行排序时，系统将以"姓名"的（　　　）为排序依据。

  A. 拼音   B. 部首偏旁   C. 输入码   D. 笔画

三、判断题

1. 在 WPS 表格中修改当前活动单元格中的数据时，可在编辑框中进行修改。　　　　（　　）

2. 在 WPS 表格中拆分单元格时，不仅可以将合并后的单元格还原，还可以在单元格中插入多行多列。　　　　　　　　　　　　　　　　　　　　　　　　　　　　　　　　　　　　　（　　）

3. 在 WPS 表格中，"移动或复制工作表"命令只能将选择的工作表移动或复制到同一工作簿中的不同位置。　　　　　　　　　　　　　　　　　　　　　　　　　　　　　　　　　　　　（　　）

4. 在 WPS 表格中，如果要在工作表的 D 列和 E 列之间插入一列，则必须先同时选中 D 列和 E 列，再执行插入操作。　　　　　　　　　　　　　　　　　　　　　　　　　　　　　　　　　（　　）

5. 在 WPS 表格中，用户可以根据需要为表格添加边框，并设置其线型和粗细。　　　（　　）

6. 如果要在 WPS 表格中删除行（或列），则后面的行（或列）会依次向上（或向左）移动。

　　（　　）

7. 在 WPS 表格中插入单元格后，现有的单元格位置不会发生变化。　　　　　　　（　　）

8. 直接单击工作表标签即可选择该工作表。　　　　　　　　　　　　　　　　　　（　　）

9. 在工作表中选择某行的行号即可选择该行。　　　　　　　　　　　　　　　　　（　　）

10. 为了使工作表更加美观，用户可以为单元格设置边框或底纹。　　　　　　　　（　　）

11. 图表建成以后，用户可以在图表中直接修改图表标题。　　　　　　　　　　　（　　）

12. 一个数据透视表若以另一个数据透视表为数据源，则在作为数据源的数据透视表中创建计算字段和计算项也将影响另一个数据透视表。　　　　　　　　　　　　　　　　　　　　　　　（　　）

13. 对于已经创建好的图表而言，如果源工作表中的数据项目（列）增加，则图表也将自动增加新的项目。　　　　　　　　　　　　　　　　　　　　　　　　　　　　　　　　　　　　　（　　）

14. 使用分类汇总之前，最好先对数据进行排序，使同一字段值的记录集中在一起。　（　　）

15. 在 WPS 表格中，数据筛选是指从工作表中选取满足条件的数据显示，将所有不满足条件的数据隐藏起来。　　　　　　　　　　　　　　　　　　　　　　　　　　　　　　　　　　　（　　）

16. WPS 表格不仅能计算数据，还可以对数据进行排序、筛选和分类汇总等高级操作。（　　）

17. 当利用复杂的条件来筛选数据时，必须使用"高级筛选"功能。　　　　　　　（　　）

18. "Sheet3!B5"是指"Sheet3"工作表中 B 列第 5 行单元格的地址。　　　　　　（　　）

19. 迷你图虽然简洁美观，但不利于数据分析工作的展开。　　　　　　　　　　　（　　）

20. 在 WPS 表格中，用户可以通过单击"筛选"按钮▽来筛选数据。　　　　　　（　　）

项目三
演示文稿制作

一、单选题

1. 制作 WPS 演示文稿时，主要是在（　　）中制作幻灯片。
   - A. 状态栏
   - B. 幻灯片编辑区
   - C. 浏览视图
   - D. 备注区
2. 演示文稿中的幻灯片操作通常包括（　　）。
   - A. 选择、插入、移动、复制和删除幻灯片
   - B. 选择、插入、移动和复制幻灯片
   - C. 选择、移动、复制和删除幻灯片
   - D. 复制、移动和删除幻灯片
3. 下列关于 WPS 演示的说法，错误的是（　　）。
   - A. 用户可以在幻灯片浏览视图中调整幻灯片动画对象的出现顺序
   - B. 用户可以在普通视图中设置幻灯片中文本和其他对象的动画效果
   - C. 用户可以在幻灯片浏览视图中查看各幻灯片的放映时长
   - D. 用户可以在普通视图中设置幻灯片的切换效果
4. 下列对 WPS 演示中各对象的操作，说法错误的是（　　）。
   - A. 可以动态显示文本和对象
   - B. 可以更改动画对象的出现顺序
   - C. 不可以为图表设置动画效果
   - D. 可以设置幻灯片的切换效果
5. 在演示文稿中插入超链接时，所链接的目标不能是（　　）。
   - A. 另一个演示文稿
   - B. 同一个演示文稿中的某一张幻灯片
   - C. 其他应用程序的文档
   - D. 幻灯片中的某一个对象
6. 在 WPS 演示中，若为所有幻灯片中的对象设置统一样式，则需应用（　　）的功能。
   - A. 模板
   - B. 母版
   - C. 版式
   - D. 样式
7. 在设置幻灯片的切换效果时，应通过（　　）进行设置。
   - A. 动作按钮
   - B. "切换"选项卡
   - C. 预设动画
   - D. 自定义动画

二、多选题

1. 在幻灯片占位符中插入文本时，下列说法正确的有（　　）。
   - A. 插入的文本一般没有限制
   - B. 插入的文本文件有很多限制条件
   - C. 插入标题文本一般在状态栏中进行
   - D. 插入标题文本可以在大纲视图中进行
2. 在幻灯片浏览视图中，可进行的操作有（　　）。
   - A. 复制幻灯片
   - B. 对幻灯片中的文本内容进行编辑
   - C. 设置幻灯片的切换效果
   - D. 设置幻灯片对象的动画效果
3. 下列关于在 WPS 演示中创建表格的说法，正确的有（　　）。
   - A. 打开一个演示文稿，选择需要插入表格的幻灯片，然后在"插入"选项卡中单击"表格"按钮⊞
   - B. 单击"表格"按钮⊞，在打开的下拉列表框中直接设置表格的行数和列数

  C．在"插入表格"对话框中输入要插入的行数和列数

  D．完成插入后，表格的行数和列数无法修改

4．下列选项中，可以设置动画效果的幻灯片对象有（ ）。

  A．声音和视频   B．文字   C．图片   D．图表

5．下列关于动画设置的说法，正确的有（ ）。

  A．在"动画"选项卡中可添加动画

  B．如果要预览动画，可在"动画"选项卡中单击"预览效果"按钮 ☆

  C．动画效果只能通过播放状态预览，不能直接预览

  D．单击"动画窗格"按钮 ☆ 后，可在打开的任务窗格中对动画效果进行详细设置

三、判断题

1．在 WPS 演示的大纲视图模式下，可以实现一切编辑功能。 （ ）

2．若要移动多张连续的幻灯片，可先选择要移动的多张幻灯片中的第一张，然后按住"Shift"键并单击最后一张幻灯片，再进行移动操作。 （ ）

3．幻灯片编辑区主要用于显示和编辑幻灯片的内容，它是演示文稿的核心部分。 （ ）

4．在"开始"选项卡中单击"节"按钮 ☐ 后，可使用"节"功能。 （ ）

5．在占位符中添加的文本无法修改。 （ ）

6．在形状中添加了文本后，将无法改变形状的大小。 （ ）

7．动画计时和切换计时是指在设置动画效果和切换效果时对其速度的设定。 （ ）

8．在拥有母版的演示文稿中添加幻灯片后，新添加的幻灯片中也将应用该母版样式。 （ ）

9．母版可用来为同一演示文稿中的所有幻灯片设置统一的版式。 （ ）

10．在 WPS 演示中，若需要复制幻灯片中的动画效果，则可在"动画"选项卡中单击"动画刷"按钮 ☆，将动画效果复制到其他幻灯片对象中。 （ ）

项目四

信息检索

04

一、单选题

1. 下列不属于目录索引的是（　　）。
   A. 搜狐目录　　　　　　B. hao123　　　　　　C. Dmoz　　　　　　D. Dogpile

2. （　　）具有图片搜索（支持组图浏览）、地图搜索（支持全国无缝漫游）等功能。
   A. 百度　　　　　　　　B. 搜狗搜索　　　　　C. 360 搜索　　　　D. Yahoo

3. 在搜索引擎中检索信息时，不能使用（　　）来筛选出更准确的检索结果。
   A. 双引号　　　　　　　B. "+"　　　　　　　C. "？"　　　　　　D. "-"

4. 下列不属于专利信息检索平台的是（　　）。
   A. 国家知识产权局官网　　　　　　　　B. 万方数据知识服务平台
   C. 百度学术　　　　　　　　　　　　　D. 中国专利信息网

5. 下列不属于国内主流社交媒体的是（　　）。
   A. 微博　　　　　　　　B. 抖音　　　　　　　C. 飞鸽　　　　　　D. 微信

二、多选题

1. 信息检索按检索手段的不同，可以分为（　　）等类型。
   A. 手动检索　　　　　　B. 机械检索　　　　　C. 计算机检索　　　D. 互联网检索

2. 下列属于全文搜索引擎的有（　　）。
   A. Google　　　　　　　B. 百度　　　　　　　C. 360 搜索　　　　D. Lycos

3. 使用搜索引擎的高级查询方法可以实现对（　　）的搜索
   A. 包含完整的关键词　　　　　　　　　B. 包含任意关键词
   C. 不包含关键词　　　　　　　　　　　D. 包含特定关键词

4. 下列属于搜索引擎指令的有（　　）。
   A. site 命令　　　　　　B. inurl 指令　　　　C. intitle 指令　　D. title 命令

三、判断题

1. 间接检索是指用户浏览一次文献或三次文献，从而获得所需资料的过程。　　　　（　　）

2. 搜索引擎的基本查询方法是直接在搜索框中输入搜索关键词进行查询。　　　　（　　）

3. 通过社交媒体，人们彼此之间可以实时分享意见、见解、经验等。　　　　　　（　　）

4. NOT 是表示连接并列关系的检索词。　　　　　　　　　　　　　　　　　　　（　　）

项目五

新一代信息技术概述

05

一、单选题

1. ( ) 是新一代信息技术的集中体现。
   A. 大数据　　　　　　B. "互联网+"模式　C. 云计算　　　　　D. 移动互联网

2. 下列不属于云计算特点的是 ( )。
   A. 高可扩展性　　　　B. 按需服务　　　　C. 高可靠性　　　　D. 非网络化

3. 区块链的主要特征是 ( )。
   A. 去中心化　　　　　B. 匿名性　　　　　C. 不自治性　　　　D. 信息可篡改

4. 下列不属于新一代信息技术与生物医药产业融合环节的是 ( )。
   A. 研发环节　　　　　B. 生产流通环节　　C. 医疗服务环节　　D. 调研采购环节

5. 工业互联网的核心三要素是人、( )、数据分析软件。
   A. 机器　　　　　　　B. 计算器　　　　　C. 计算机　　　　　D. 互联网

6. 电子信息产品中最核心的部件是 ( )。
   A. 集成电路　　　　　B. 芯片　　　　　　C. 半导体　　　　　D. 服务器

二、多选题

1. 新一代信息技术主要包含 ( ) 等方面。
   A. 下一代通信网络　　B. 物联网　　　　　C. 三网融合　　　　D. 高性能集成电路

2. 我国新一代信息技术与制造业融合发展的成效主要体现在 ( ) 等方面。
   A. 产业数字化基础不断夯实　　　　　　B. 企业数字化转型步伐加快
   C. 企业创新能力不断增强　　　　　　　D. 企业发展规模扩大

3. "三网融合"中的"三网"是指 ( )。
   A. 数字通信网　　　　B. 电信网　　　　　C. 广播电视网　　　D. 移动互联网

三、判断题

1. 数字化、网络化、智能化是新一代信息技术的核心。 ( )

2. 人工智能在在线客服、自动驾驶、智慧生活、智慧医疗等领域都得到了广泛应用。 ( )

3. 智能家居是大数据应用的典型案例。 ( )

4. "三网融合"是指数字通信网、电信网、广播电视网三大网络的物理整合。 ( )

5. 云计算是传统计算机技术和网络技术发展融合的产物。 ( )

项目六
信息素养与社会责任

06

一、单选题

1. （　　）是一种了解、搜集、评估和利用信息的知识结构。
   A. 信息素养　　　　　B. 信息意识　　　　　C. 信息能力　　　　　D. 信息知识
2. 个人信息隐私、软件知识产权、网络黑客等问题体现的是（　　）。
   A. 信息意识　　　　　B. 信息知识　　　　　C. 信息能力　　　　　D. 信息道德
3. 下列不属于职业理念作用的是（　　）。
   A. 指导职业行为　　　　　　　　　　　　B. 促使个体感受工作带来的快乐
   C. 促进个体在职场上进步　　　　　　　　D. 提高收入
4. （　　）主要是指信息有被破坏、更改、泄露的可能。
   A. 信息道德　　　　　B. 信息安全　　　　　C. 信息机密　　　　　D. 信息破坏
5. 信息伦理主要涉及信息隐私权、（　　）、信息产权、信息资源存取权等方面的问题。
   A. 信息准确性　　　　B. 信息完整性　　　　C. 信息可用性　　　　D. 信息存储性

二、多选题

1. 信息素养主要涉及（　　）等环节。
   A. 内容的鉴别　　　　B. 内容的选取　　　　C. 信息的传播　　　　D. 信息的分析
2. 信息素养主要包括（　　）要素。
   A. 信息意识　　　　　B. 信息知识　　　　　C. 信息能力　　　　　D. 信息道德
3. 我国的信息安全现状有（　　）。
   A. 个人信息没有得到规范采集　　　　　　B. 个人欠缺足够的信息保护意识
   C. 个人信息不完整　　　　　　　　　　　D. 相关部门监管力度不够

三、判断题

1. 信息素养是指利用大量的信息工具及主要信息源使问题得到解答的技能。　　　（　　）
2. 信息意识体现的是个人对信息进行捕捉、分析、判断的能力素养。　　　　　　（　　）
3. 信息素养是一种综合能力，需要涉及人文、技术、经济、法律等方面的内容。　（　　）
4. 我国的信息技术正式接入世界互联网主要体现在互联网门户网站的建立上。　　（　　）
5. 加密后的信息能够在传输、使用和转换的过程中避免被第三方非法获取。　　　（　　）

附录
习题集参考答案

项目一

一、单选题

1	2	3	4	5	6	7	8	9	10
B	A	A	A	C	C	A	C	C	B
11	12	13							
D	C	D							

二、多选题

1	2	3	4	5	6	7	8	9
ABCD	ABC	ABCD	ABD	ABCD	ABCD	ABD	ABC	ABCD

三、判断题

1	2	3	4	5	6	7	8	9	10
√	√	×	×	×	√	√	√	√	×
11	12	13	14						
√	√	×	×						

项目二

一、单选题

1	2	3	4	5	6	7	8	9	10
D	B	C	B	B	A	D	B	C	B
11	12	13	14						
A	B	A	A						

二、多选题

1	2	3	4	5	6	7	8	9	
BCD	ABCD	AB	CD	BCD	ACD	ABCD	ABC	AD	

三、判断题

1	2	3	4	5	6	7	8	9	10
√	√	×	×	√	√	×	√	√	√
11	12	13	14	15	16	17	18	19	20
√	√	×	√	√	√	√	√	×	√

项目三

一、单选题

1	2	3	4	5	6	7			
B	A	A	C	D	B	B			

二、多选题

1	2	3	4	5					
AD	AC	ABC	ABCD	ABD					

三、判断题

1	2	3	4	5	6	7	8	9	10
×	√	√	√	×	×	√	√	√	√

项目四

一、单选题

1	2	3	4	5					
D	B	C	C	C					

二、多选题

1	2	3	4						
ABC	ABCD	ABC	ABC						

三、判断题

1	2	3	4						
×	√	√	×						

项目五

一、单选题

1	2	3	4	5	6				
B	D	B	D	A	A				

二、多选题

1	2	3							
ABCD	ABC	ABC							

三、判断题

1	2	3	4	5					
√	√	×	×	√					

项目六

一、单选题

1	2	3	4	5					
A	D	D	B	A					

二、多选题

1	2	3							
ABCD	ABCD	ABD							

三、判断题

1	2	3	4	5					
√	√	√	×	√					